미니모의고사로 만나는 수능연계 우수 문항집

수능특강 Q

미니모의고사

14회분 수록

과학탐구영역

생명과학 I

1 흔들리지 않는 수능 실전력 완성

2 역대 수능 연계교재 고퀄리티 문항 수록

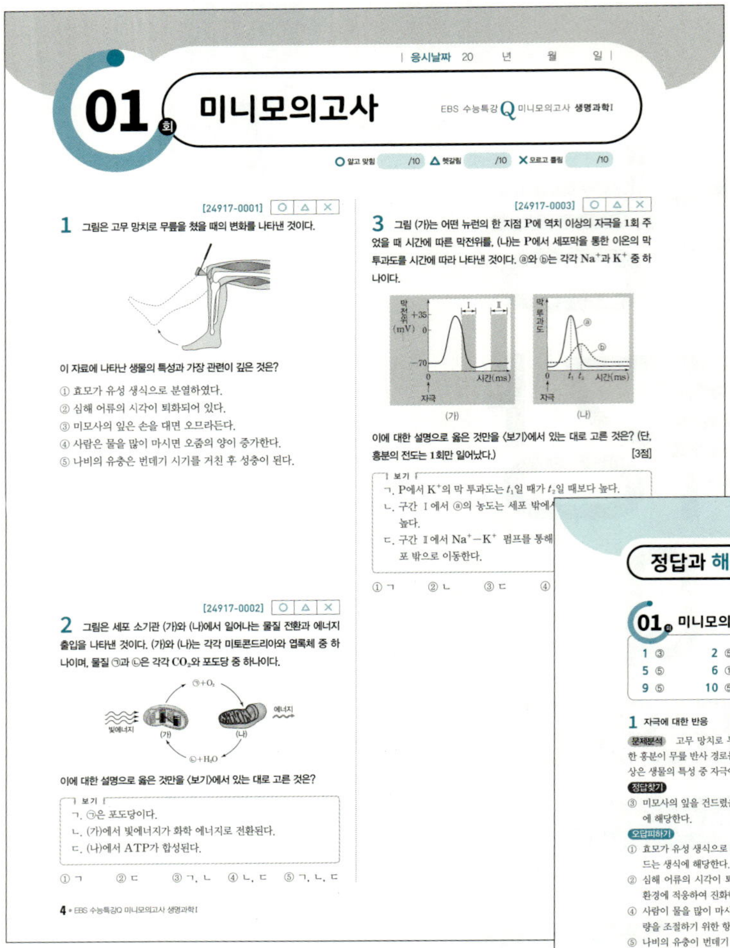

- 한국교육과정평가원이 감수한 과년도 EBS 수능 연계교재의 우수 문항을 선제하여 미니모의고사 형태로 구성하였습니다.

- 목표 시간 내에 문제를 푸는 연습을 통해 실전에 대비할 수 있습니다.

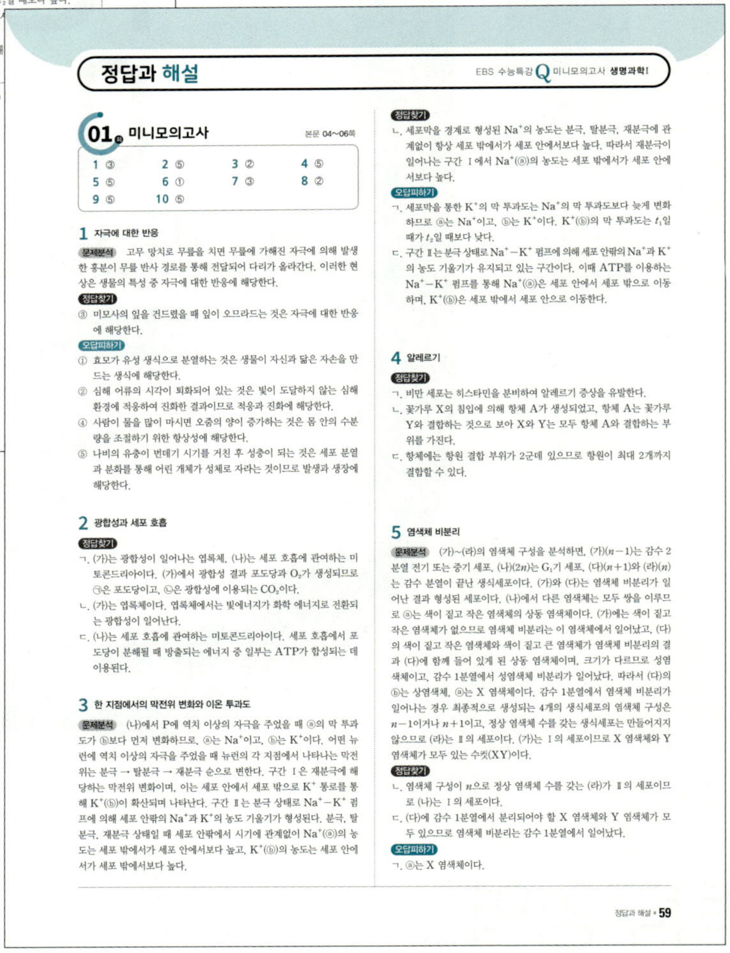

학습자 스스로 문제의 핵심을 파악할 수 있도록 명확한 해설을 제공합니다. 잘 풀리지 않는 문제는 해설을 통해 확실히 이해할 수 있습니다.

이 책의 **차례**

※ 미니모의고사 학습 계획을 세우고 매일 실천해 보세요!
※ 풀이 시간과 틀린 문항을 정리해 복습에 활용하세요!

학생

인공지능 DANCHOQ
푸리봇 문|제|검|색

EBS*i* 사이트와 **EBS***i* 고교강의 **APP** 하단의 **AI 학습도우미 푸리봇**을 통해 문항코드를 검색하면 푸리봇이 해당 문제의 해설과 해설 강의를 찾아 줍니다. **사진 촬영으로도 검색**할 수 있습니다.

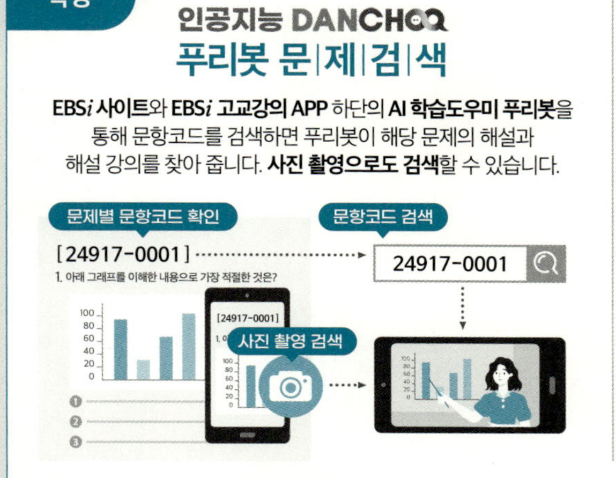

선생님

EBS 교사지원센터
교재 관련 자|료|제|공

교재의 문항 한글(HWP) 파일과 교재이미지, 강의자료를 무료로 제공합니다.

• 교사지원센터(teacher.ebsi.co.kr)에서 '교사인증' 이후 이용하실 수 있습니다.
• 교사지원센터에서 제공하는 자료는 교재별로 다를 수 있습니다.

01 회 미니모의고사

○ 알고 맞힘   /10   △ 헷갈림   /10   ✕ 모르고 틀림   /10

[24917-0001] ○ △ ✕

1 그림은 고무 망치로 무릎을 쳤을 때의 변화를 나타낸 것이다.

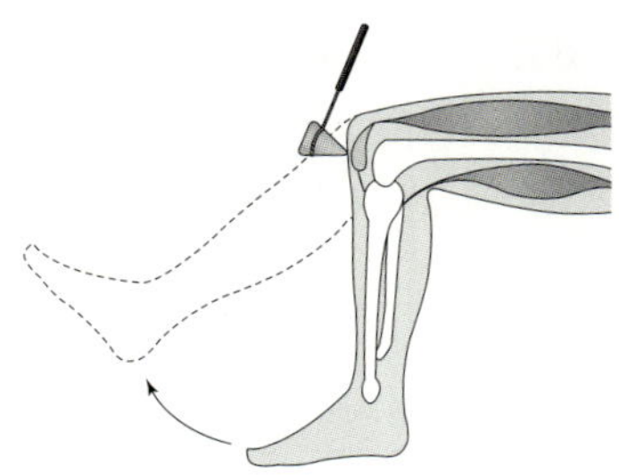

이 자료에 나타난 생물의 특성과 가장 관련이 깊은 것은?

① 효모가 유성 생식으로 분열하였다.
② 심해 어류의 시각이 퇴화되어 있다.
③ 미모사의 잎은 손을 대면 오므라든다.
④ 사람은 물을 많이 마시면 오줌의 양이 증가한다.
⑤ 나비의 유충은 번데기 시기를 거친 후 성충이 된다.

[24917-0002] ○ △ ✕

2 그림은 세포 소기관 (가)와 (나)에서 일어나는 물질 전환과 에너지 출입을 나타낸 것이다. (가)와 (나)는 각각 미토콘드리아와 엽록체 중 하나이며, 물질 ㉠과 ㉡은 각각 CO_2와 포도당 중 하나이다.

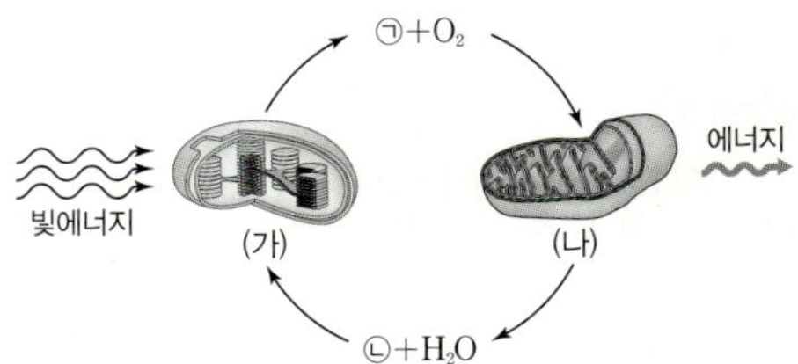

이에 대한 설명으로 옳은 것만을 〈보기〉에서 있는 대로 고른 것은?

〈보기〉
ㄱ. ㉠은 포도당이다.
ㄴ. (가)에서 빛에너지가 화학 에너지로 전환된다.
ㄷ. (나)에서 ATP가 합성된다.

① ㄱ   ② ㄷ   ③ ㄱ, ㄴ   ④ ㄴ, ㄷ   ⑤ ㄱ, ㄴ, ㄷ

[24917-0003] ○ △ ✕

3 그림 (가)는 어떤 뉴런의 한 지점 P에 역치 이상의 자극을 1회 주었을 때 시간에 따른 막전위를, (나)는 P에서 세포막을 통한 이온의 막 투과도를 시간에 따라 나타낸 것이다. @와 ⓑ는 각각 Na^+과 K^+ 중 하나이다.

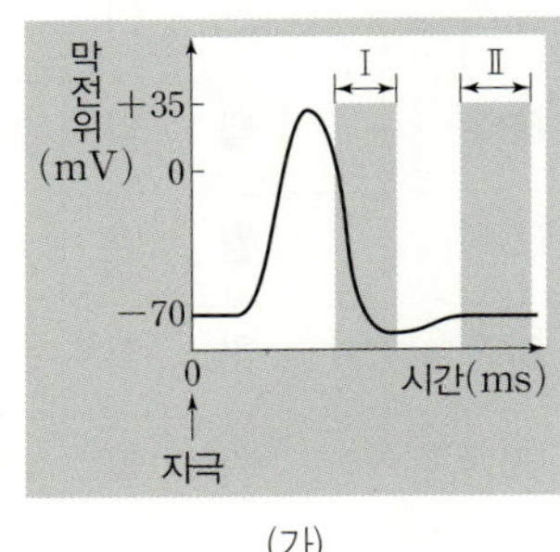

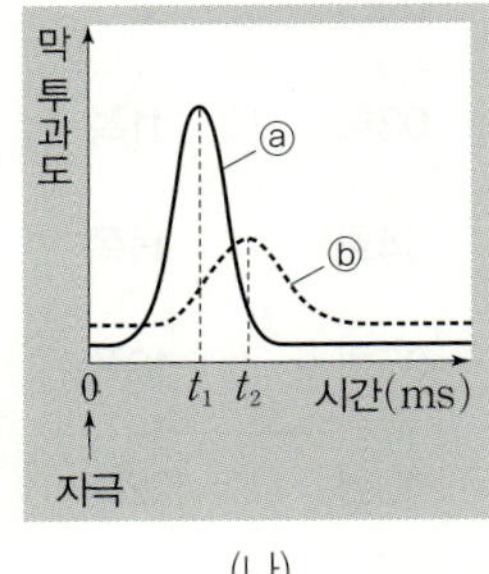

이에 대한 설명으로 옳은 것만을 〈보기〉에서 있는 대로 고른 것은? (단, 흥분의 전도는 1회만 일어났다.)   [3점]

〈보기〉
ㄱ. P에서 K^+의 막 투과도는 t_1일 때가 t_2일 때보다 높다.
ㄴ. 구간 Ⅰ에서 @의 농도는 세포 밖에서가 세포 안에서보다 높다.
ㄷ. 구간 Ⅱ에서 $Na^+ - K^+$ 펌프를 통해 ⓑ는 세포 안에서 세포 밖으로 이동한다.

① ㄱ   ② ㄴ   ③ ㄷ   ④ ㄱ, ㄴ   ⑤ ㄴ, ㄷ

기획 및 개발

EBS 교재 개발팀

본 교재의 강의는 TV와 모바일 APP, EBS*i* 사이트(www.ebs*i*.co.kr)에서 무료로 제공됩니다.

발행일 2024. 10. 1. 1쇄 인쇄일 2024. 9. 24. 신고번호 제2017-000193호 펴낸곳 한국교육방송공사 경기도 고양시 일산동구 한류월드로 281
표지디자인 디자인싹 편집 글사랑 인쇄 동아출판㈜
인쇄 과정 중 잘못된 교재는 구입하신 곳에서 교환하여 드립니다. 신규 사업 및 교재 광고 문의 pub@ebs.co.kr

정답과 해설은 EBS*i* 사이트(www.ebs*i*.co.kr)에서 내려받으실 수 있습니다.

| 교재
내용
문의 | 교재 및 강의 내용 문의는 EBS*i* 사이트
(www.ebs*i*.co.kr)의 학습 Q&A 서비스를
활용하시기 바랍니다. | 교재
정오표
공지 | 발행 이후 발견된 정오 사항을 EBS*i* 사이트
정오표 코너에서 알려 드립니다.
교재 ▶ 교재 자료실 ▶ 교재 정오표 | 교재
정정
신청 | 공지된 정오 내용 외에 발견된 정오 사항이
있다면 EBS*i* 사이트를 통해 알려 주세요.
교재 ▶ 교재 정정 신청 |

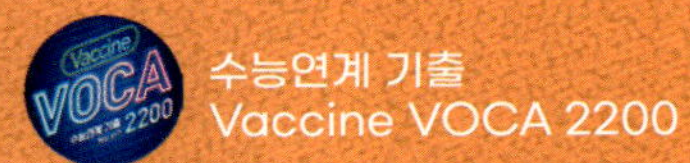

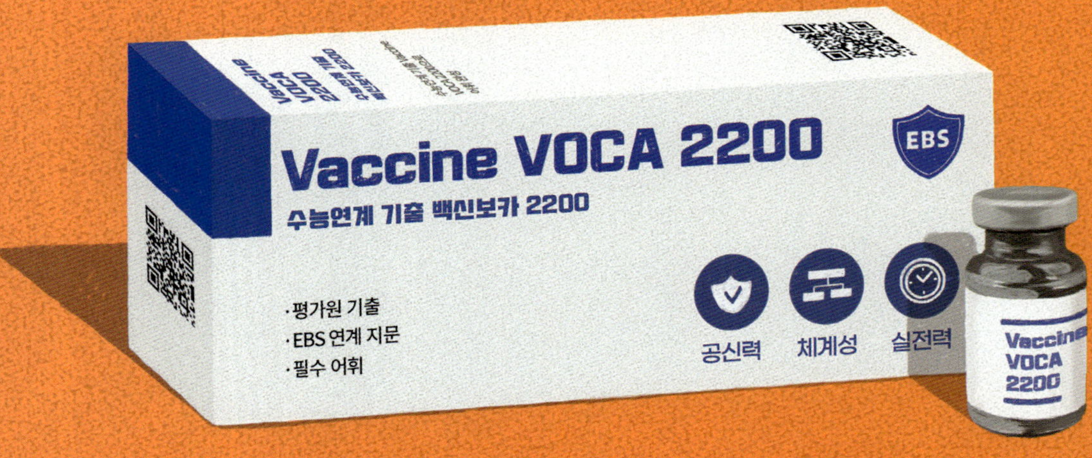

○ **수능 영단어장의 끝판왕!**
   10개년 수능 빈출 어휘 + 7개년 연계교재 핵심 어휘

○ **수능 적중 어휘 자동암기 3종 세트 제공**
   휴대용 포켓 단어장 / 표제어 & 예문 MP3 파일 / 수능형 어휘 문항 실전 테스트

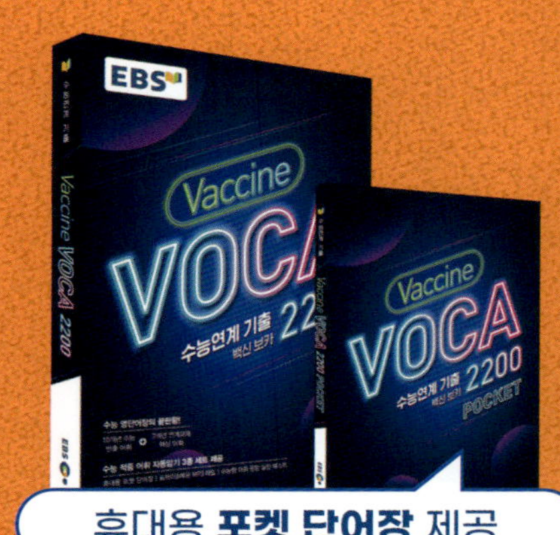

4  [24917-0004]

그림은 어떤 사람에서 꽃가루에 의해 알레르기 증상이 나타나기까지의 과정을 나타낸 것이다. 비만세포에서 분비된 물질 ㉠에 의해 알레르기 증상이 유발된다.

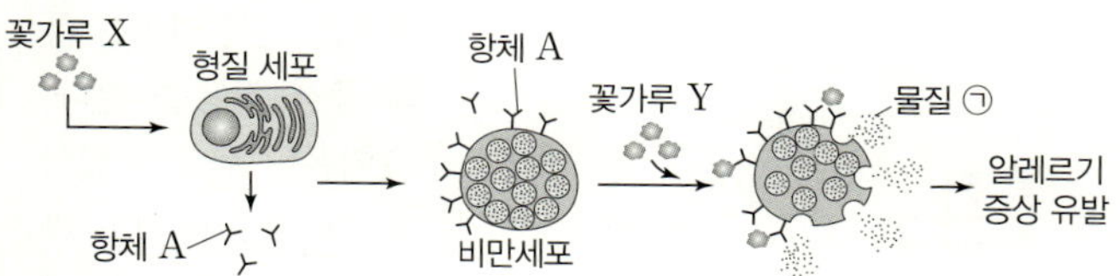

이에 대한 설명으로 옳은 것만을 〈보기〉에서 있는 대로 고른 것은?

보기
ㄱ. 물질 ㉠은 히스타민이다.
ㄴ. 꽃가루 X와 Y는 모두 항체 A와 결합하는 부위를 가진다.
ㄷ. 항체 A에서 꽃가루 Y와 결합 가능한 부위의 수는 2이다.

① ㄱ   ② ㄴ   ③ ㄱ, ㄷ   ④ ㄴ, ㄷ   ⑤ ㄱ, ㄴ, ㄷ

5  [24917-0005]

그림은 어떤 동물 종($2n=8$)의 세포 (가)~(라) 각각에 들어 있는 모든 염색체를 나타낸 것이다. (가)~(라) 중 3개는 ㉠ 개체 Ⅰ의 G_1기 세포 1개로부터 생식세포가 형성되는 과정에서 나타나는 세포들이며, 나머지 1개는 개체 Ⅱ의 G_1기 세포 1개로부터 생식세포가 형성되는 과정에서 나타나는 세포이다. ㉠에서 염색체 비분리가 1회 일어났으며, 이 동물의 성염색체는 암컷이 XX, 수컷이 XY이다. 염색체 ⓐ와 ⓑ 중 하나는 상염색체이고, 나머지 하나는 X 염색체이다. ⓐ와 ⓑ의 모양과 크기는 나타내지 않았다. (나)~(라)는 모두 DNA 복제가 일어나지 않은 세포이다.

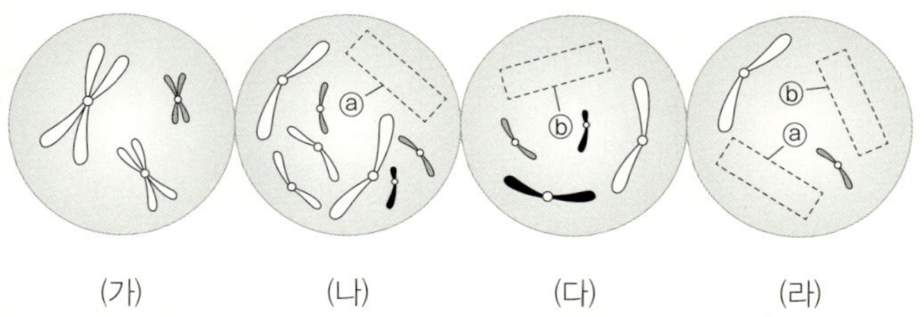

이에 대한 설명으로 옳은 것만을 〈보기〉에서 있는 대로 고른 것은? (단, 제시된 염색체 비분리 이외의 돌연변이는 고려하지 않는다.) [3점]

보기
ㄱ. ⓐ는 상염색체이다.
ㄴ. (나)는 Ⅰ의 세포이다.
ㄷ. 염색체 비분리는 감수 1분열에서 일어났다.

① ㄱ   ② ㄴ   ③ ㄱ, ㄴ   ④ ㄱ, ㄷ   ⑤ ㄴ, ㄷ

6  [24917-0006]

다음은 사람의 유전 형질 ㉠~㉢에 대한 자료이다.

- ㉠은 대립유전자 A와 a에 의해 결정되며, A는 a에 대해 완전 우성이다.
- ㉡은 대립유전자 B와 b에 의해 결정되며, 유전자형이 다르면 표현형이 다르다.
- ㉢은 2쌍의 대립유전자 D와 d, E와 e에 의해 결정된다.
- ㉢의 표현형은 유전자형에서 대문자로 표시되는 대립유전자의 수에 의해서만 결정되며, 이 대립유전자의 수가 다르면 표현형이 다르다.
- 그림은 남자 P의 체세포에 들어 있는 일부 염색체와 유전자를 나타낸 것이다. 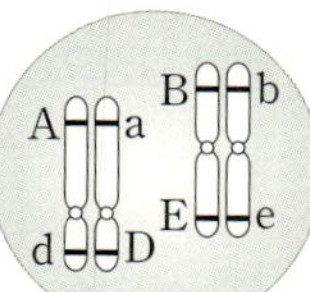
- 여자 Q에서 ㉠~㉢의 표현형은 모두 P와 같다. P와 Q 사이에서 ⓐ가 태어날 때, ⓐ에게서 나타날 수 있는 표현형은 최대 15가지이다.

이에 대한 설명으로 옳은 것만을 〈보기〉에서 있는 대로 고른 것은? (단, 돌연변이와 교차는 고려하지 않는다.) [3점]

보기
ㄱ. Q는 B와 e가 함께 있는 염색체를 갖는다.
ㄴ. Q에서 난자가 형성될 때, 이 난자가 A, b, d를 모두 가질 확률은 $\frac{1}{4}$이다.
ㄷ. ⓐ에서 ㉠~㉢의 표현형이 모두 부모와 같을 확률은 $\frac{1}{4}$이다.

① ㄱ   ② ㄴ   ③ ㄱ, ㄷ   ④ ㄴ, ㄷ   ⑤ ㄱ, ㄴ, ㄷ

[24917-0007] ○ △ ✕

7 표는 자율 신경 Ⅰ∼Ⅲ의 특징을 나타낸 것이다. ㉠과 ㉡은 연수와 척수를 순서 없이 나타낸 것이고, ⓐ와 ⓑ는 위와 방광을 순서 없이 나타낸 것이다. Ⅰ과 Ⅲ의 신경절 이후 뉴런 말단에서 분비되는 신경 전달 물질은 서로 다르다.

자율 신경	신경절 이전 뉴런의 신경 세포체 위치	신경절 이후 뉴런 말단에서 분비되는 신경 전달 물질	연결된 기관
Ⅰ	㉠	?	ⓐ
Ⅱ	㉡	노르에피네프린	심장
Ⅲ	㉡	?	ⓑ

이에 대한 설명으로 옳은 것만을 〈보기〉에서 있는 대로 고른 것은?

보기
ㄱ. ⓐ는 소장과 같은 기관계에 속한다.
ㄴ. ㉡은 배변 · 배뇨 반사의 중추이다.
ㄷ. Ⅲ은 부교감 신경이다.

① ㄱ   ② ㄷ   ③ ㄱ, ㄴ   ④ ㄴ, ㄷ   ⑤ ㄱ, ㄴ, ㄷ

[24917-0008] ○ △ ✕

8 다음은 유전 형질 (가)에 대한 자료이다.

- (가)는 1쌍의 대립유전자에 의해 결정되며, 대립유전자에는 E, F, G가 있다. (가)의 표현형은 최대 4가지이다.
- 유전자형이 EE인 사람과 EF인 사람은 표현형이 같고, 유전자형이 ㉠FG인 사람과 GG인 사람은 표현형이 같다.
- 유전자형이 ⓐⓑ인 남자 Ⅰ과 ⓑⓒ인 여자 Ⅱ 사이에서 자녀 1이 태어날 때, 자녀 1에게서 나타날 수 있는 (가)의 표현형은 최대 3가지이다. ⓐ∼ⓒ는 E, F, G를 순서 없이 나타낸 것이다.
- Ⅰ에서 ⓐ가 ⓒ로 변하는 돌연변이가 일어난 G_1기 세포로부터 형성된 정자와 Ⅱ에서 형성된 정상 난자의 수정으로 자녀 2가 태어날 때, 이 아이의 (가)의 표현형이 Ⅱ와 같을 확률은 $\frac{1}{2}$이다.

유전자형이 ⓐⓒ인 남자와 ⓐⓑ인 여자 사이에서 아이가 태어날 때, 이 아이의 (가)의 표현형이 ㉠과 같을 확률은? (단, 제시된 돌연변이 이외의 돌연변이는 고려하지 않는다.)   [3점]

① 0   ② $\frac{1}{4}$ ③ $\frac{1}{2}$ ④ $\frac{3}{4}$ ⑤ 1

[24917-0009] ○ △ ✕

9 그림은 생태계를 구성하는 요인 사이의 상호 관계를, 표는 식물의 증산 작용에 대한 설명을 나타낸 것이다.

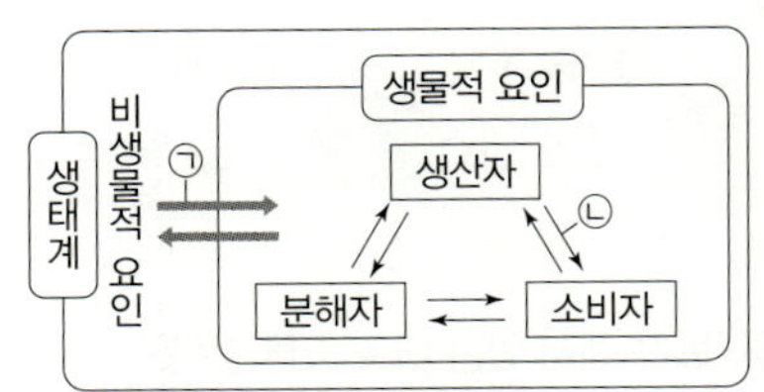

식물은 잎의 기공을 통해 증산 작용을 한다. ⓐ 기온이 높고 햇빛이 강하며 습도가 낮고 바람이 잘 불수록 증산 작용이 활발히 일어난다.

이에 대한 설명으로 옳은 것만을 〈보기〉에서 있는 대로 고른 것은?

보기
ㄱ. ⓐ는 ㉠에 해당한다.
ㄴ. 버섯은 분해자에 속한다.
ㄷ. 토끼풀의 수가 증가하면 토끼의 수가 증가하는 것은 ㉡에 해당한다.

① ㄱ   ② ㄴ   ③ ㄷ   ④ ㄱ, ㄴ   ⑤ ㄱ, ㄴ, ㄷ

[24917-0010] ○ △ ✕

10 그림은 어떤 생태계에서 서식지 단편화 전과 후의 이 생태계에 서식하는 생물종 A∼E의 분포를 나타낸 것이다.

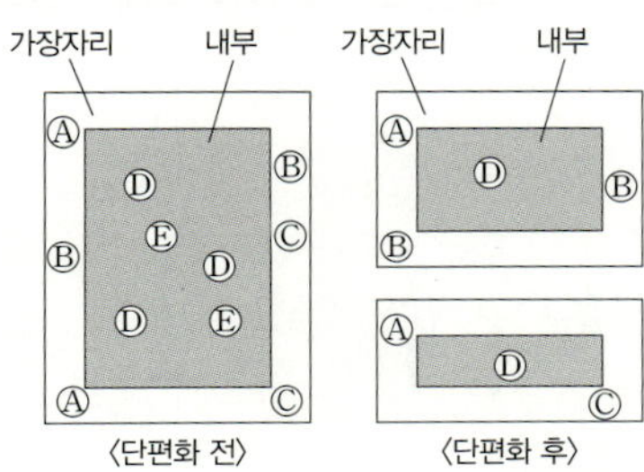

이에 대한 설명으로 옳은 것만을 〈보기〉에서 있는 대로 고른 것은? (단, 제시된 종 이외는 고려하지 않는다.)   [3점]

보기
ㄱ. 서식지 단편화는 생물 다양성의 감소 원인에 해당한다.
ㄴ. 서식지 단편화로 인해 $\frac{내부 면적}{가장자리 면적}$ 은 감소하였다.
ㄷ. 종 다양성은 서식지 단편화 전이 단편화 후보다 높다.

① ㄱ   ② ㄴ   ③ ㄱ, ㄷ   ④ ㄴ, ㄷ   ⑤ ㄱ, ㄴ, ㄷ

02회 미니모의고사

EBS 수능특강 **Q** 미니모의고사 **생명과학Ⅰ**

○ 알고 맞힘 ___/10   △ 헷갈림 ___/10   ✕ 모르고 틀림 ___/10

[24917-0011] ○ △ ✕

1 다음은 기생 생물 A가 숙주 생물 B의 행동에 미치는 영향을 알아보기 위한 실험의 일부를 나타낸 것이다.

[실험 과정]
(가) 유전적으로 동일한 B를 100마리씩 두 집단 Ⅰ과 Ⅱ로 나눈다.
(나) Ⅰ에는 A를 감염시키고, Ⅱ에는 A를 감염시키지 않는다.
(다) 일정 기간 동안 B에서 천적을 유인하는 이상행동을 보이는 개체의 비율을 측정한다.

[실험 결과]

구분	이상행동을 보이는 개체의 비율(%)
Ⅰ	75
Ⅱ	0

이 자료에 대한 설명으로 옳은 것만을 〈보기〉에서 있는 대로 고른 것은? (단, 제시된 조건 이외의 다른 조건은 동일하다.)

┌─ 보기 ┐
ㄱ. 대조 실험이 수행되었다.
ㄴ. 조작 변인은 A의 감염 여부이다.
ㄷ. 이 실험을 통해 'A에 감염된 B는 천적을 유인하는 이상행동을 보일 것이다.'라는 가설을 검증할 수 있다.

① ㄴ　　② ㄷ　　③ ㄱ, ㄴ　　④ ㄱ, ㄷ　　⑤ ㄱ, ㄴ, ㄷ

[24917-0012] ○ △ ✕

2 다음은 골격근의 수축 과정에 대한 자료이다.

- 그림은 근육 원섬유 마디 X의 구조를, 표는 골격근 수축 과정의 두 시점 t_1과 t_2일 때 ㉠의 길이를 ㉡의 길이와 ㉢의 길이를 더한 값으로 나눈 값($\frac{㉠}{㉡+㉢}$), X의 길이, ㉢의 길이를 나타낸 것이다. X는 좌우 대칭이다.

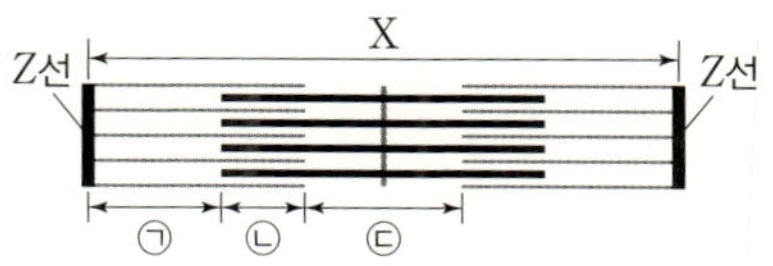

시점	$\dfrac{㉠}{㉡+㉢}$	X의 길이	㉢의 길이
t_1	$\dfrac{3}{4}$	3.4 μm	?
t_2	$\dfrac{2}{3}$	?	0.2 μm

- 구간 ㉠은 액틴 필라멘트만 있는 부분이고, ㉡은 액틴 필라멘트와 마이오신 필라멘트가 겹치는 부분이며, ㉢은 마이오신 필라멘트만 있는 부분이다.

이에 대한 설명으로 옳은 것만을 〈보기〉에서 있는 대로 고른 것은?

┌─ 보기 ┐
ㄱ. 근육 원섬유는 동물의 세포에 해당한다.
ㄴ. t_1일 때 A대의 길이는 1.6 μm이다.
ㄷ. t_2일 때 ㉠의 길이와 ㉡의 길이를 더한 값은 0.8 μm이다.

① ㄴ　　② ㄷ　　③ ㄱ, ㄴ　　④ ㄱ, ㄷ　　⑤ ㄱ, ㄴ, ㄷ

3

[24917-0013] ○ △ ✕

표는 어떤 학생이 대사성 질환과 에너지 균형에 대해 조사한 내용이다.

구분	내용
(가)	⊙대사성 질환은 스트레스나 유전적 요인뿐만 아니라 잘못된 생활 습관, 과도한 영양 섭취, 운동 부족 등으로 발생할 수 있다.
(나)	ⓒ체온 조절, 심장 박동, 혈액 순환과 같은 생명 현상을 유지하는 데 필요한 최소한의 에너지양을 활동 대사량이라고 한다.
(다)	우리가 하루 동안 섭취한 음식물로부터 얻은 에너지양이 생활하는 데 사용한 에너지양보다 많은 상태가 지속되면 체중이 감소하고 영양 부족 상태가 될 수 있다.

이에 대한 설명으로 옳은 것만을 〈보기〉에서 있는 대로 고른 것은?

보기

ㄱ. 고혈압은 ⊙에 해당한다.

ㄴ. (가)~(다) 중 (다)에서만 내용이 틀린 부분이 있다.

ㄷ. ⓒ의 변화를 감지하고 조절하는 중추는 시상 하부이다.

① ㄴ   ② ㄷ   ③ ㄱ, ㄴ   ④ ㄱ, ㄷ   ⑤ ㄱ, ㄴ, ㄷ

4

[24917-0014] ○ △ ✕

그림 (가)는 정상인의 혈중 포도당 농도에 따른 호르몬 X와 Y의 혈중 농도를, (나)는 간에서 일어나는 포도당과 글리코젠 사이의 전환을 나타낸 것이다. X와 Y는 각각 인슐린과 글루카곤 중 하나이다.

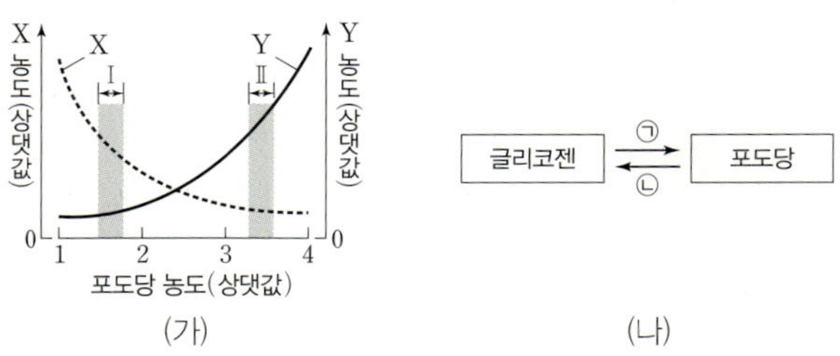

이에 대한 설명으로 옳은 것만을 〈보기〉에서 있는 대로 고른 것은?

보기

ㄱ. X는 ⊙ 과정을 촉진한다.

ㄴ. Y는 이자의 α세포에서 분비된다.

ㄷ. 간에서 합성되는 글리코젠의 양은 구간 Ⅰ에서가 구간 Ⅱ에서보다 많다.

① ㄱ   ② ㄴ   ③ ㄷ   ④ ㄱ, ㄴ   ⑤ ㄱ, ㄷ

5

[24917-0015] ○ △ ✕

다음은 병원성 세균 X와 Y에 대한 생쥐의 방어 작용 실험이다.

[실험 과정 및 결과]

(가) 유전적으로 동일하고, X와 Y에 노출된 적이 없는 생쥐 Ⅰ~Ⅶ을 준비한다.

(나) Ⅰ에는 생리식염수를, Ⅱ에는 죽은 X를, Ⅲ에는 죽은 Y를 각각 주사한 후, Ⅱ와 Ⅲ에서 각각 체액성 면역이 일어났는지 확인한다.

생쥐	체액성 면역
Ⅱ	○
Ⅲ	⊙

(○: 일어남, ✕: 일어나지 않음)

(다) 일정 시간이 지난 후 (나)의 Ⅰ~Ⅲ에서 각각 혈장을 분리한다.

(라) 표와 같이 주사액을 Ⅳ~Ⅶ에게 주사한 후, 생쥐의 생존 여부를 확인한다.

생쥐	주사액의 조성	생존 여부
Ⅳ	Ⅰ의 혈장+X	죽는다
Ⅴ	Ⅰ의 혈장+Y	죽는다
Ⅵ	ⓐⅡ의 혈장+X	?
Ⅶ	Ⅲ의 혈장+Y	산다

이에 대한 설명으로 옳은 것만을 〈보기〉에서 있는 대로 고른 것은? (단, 제시된 조건 이외는 고려하지 않는다.) [3점]

보기

ㄱ. ⊙은 '○'이다.

ㄴ. ⓐ에는 X에 대한 형질 세포가 있다.

ㄷ. (라)의 Ⅶ에서 Y에 대한 2차 면역 반응이 일어났다.

① ㄱ   ② ㄷ   ③ ㄱ, ㄴ   ④ ㄴ, ㄷ   ⑤ ㄱ, ㄴ, ㄷ

6 [24917-0016] ○ △ ✕

어떤 동물($2n=4$)의 유전 형질 ㉠는 대립유전자 A와 a에 의해, ㉡는 대립유전자 B와 b에 의해 결정된다. 표 (가)는 이 동물의 세포 ⓐ~ⓒ에서 대립유전자 ㉠~㉣ 중 2개의 DNA 상대량을 더한 값을, (나)는 세포 Ⅰ과 Ⅱ의 A, a, B, b의 유무를 나타낸 것이다. Ⅰ과 Ⅱ는 각각 ⓐ~ⓒ 중 하나를, ㉠~㉣은 A, a, B, b를 순서 없이 나타낸 것이다. 이 동물 종의 성염색체는 암컷이 XX, 수컷이 XY이다.

세포	DNA 상대량을 더한 값			
	㉠+㉡	㉠+㉣	㉡+㉢	㉢+㉣
ⓐ	2	?	4	2
ⓑ	?	0	2	0
ⓒ	0	1	1	?

(가)

세포	대립유전자			
	A	a	B	b
Ⅰ	✕	○	○	✕
Ⅱ	○	✕	✕	?

(○: 있음, ✕: 없음)

(나)

이에 대한 설명으로 옳은 것만을 〈보기〉에서 있는 대로 고른 것은? (단, 돌연변이와 교차는 고려하지 않으며, A, a, B, b 각각의 1개당 DNA 상대량은 1이다.) [3점]

> 보기
> ㄱ. ㉣은 B이다.
> ㄴ. Ⅰ은 ⓒ이다.
> ㄷ. ㉡의 유전자는 성염색체에 있다.

① ㄱ　　② ㄴ　　③ ㄱ, ㄷ　　④ ㄴ, ㄷ　　⑤ ㄱ, ㄴ, ㄷ

7 [24917-0017] ○ △ ✕

그림은 식물 군집 K의 시간에 따른 총생산량과 순생산량을 나타낸 것이다.

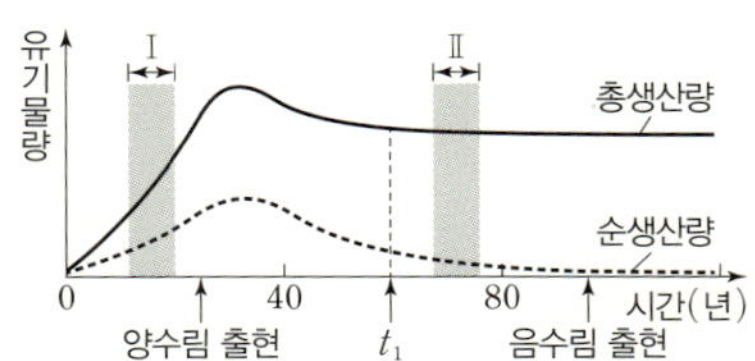

이에 대한 설명으로 옳은 것만을 〈보기〉에서 있는 대로 고른 것은?

> 보기
> ㄱ. K의 호흡량은 구간 Ⅰ에서가 구간 Ⅱ에서보다 크다.
> ㄴ. 구간 Ⅰ에서 형성된 낙엽의 유기물량은 순생산량에 포함된다.
> ㄷ. t_1일 때 K는 극상을 이룬다.

① ㄱ　　② ㄴ　　③ ㄷ　　④ ㄱ, ㄴ　　⑤ ㄴ, ㄷ

8 [24917-0018] ○ △ ✕

그림은 서로 다른 두 종 사이의 상호 작용을, 표는 어떤 바위에 서식하는 두 종의 따개비 A와 B의 서식 조건에 따른 서식 분포를 나타낸 것이다. Ⅰ~Ⅲ은 바위의 서로 다른 구간을 나타낸 것이고, ㉠~㉢은 기생, 상리 공생, 종간 경쟁을 순서 없이 나타낸 것이다.

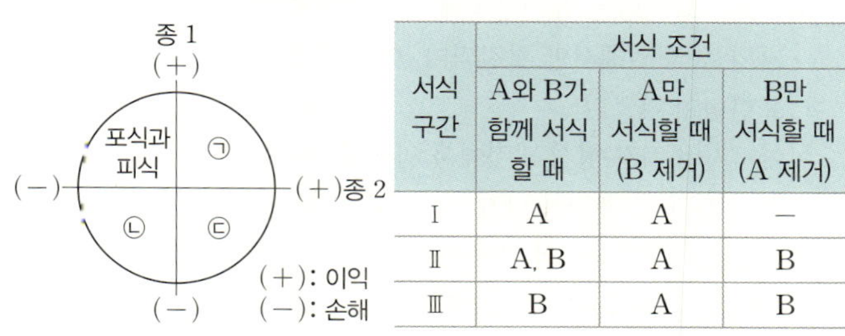

서식 구간	서식 조건		
	A와 B가 함께 서식할 때	A만 서식할 때 (B 제거)	B만 서식할 때 (A 제거)
Ⅰ	A	A	−
Ⅱ	A, B	A	B
Ⅲ	B	A	B

(−: A와 B 모두 서식 안 함)

이에 대한 설명으로 옳은 것만을 〈보기〉에서 있는 대로 고른 것은? (단, 제시된 조건 이외는 고려하지 않는다.) [3점]

> 보기
> ㄱ. 구간 Ⅲ에서 A와 B가 함께 서식할 때 ㉡이 일어났다.
> ㄴ. 구간 Ⅱ에서 B만 서식할 때 B는 환경 저항을 받지 않는다.
> ㄷ. 개와 벼룩 사이의 상호 작용은 ㉢의 예에 해당한다.

① ㄱ　　② ㄴ　　③ ㄱ, ㄷ　　④ ㄴ, ㄷ　　⑤ ㄱ, ㄴ, ㄷ

9 다음은 어떤 가족의 유전 형질 (가)에 대한 자료이다.

[24917-0019]   ○ △ ✕

- (가)는 상염색체에 있는 2쌍의 대립유전자 A와 a, B와 b에 의해 결정된다.
- (가)의 표현형은 유전자형에서 대문자로 표시되는 대립유전자의 수에 의해서만 결정되며, 이 대립유전자의 수가 다르면 표현형이 다르다.
- 아버지의 정자 형성 과정에서 염색체 비분리가 1회 일어나 형성된 정자 ⓐ와 정상 난자가 수정되어 자녀 ㉠이 태어났다.
- (가)의 유전자형에서 대문자로 표시되는 대립유전자의 수는 아버지와 어머니가 각각 x이며, ㉠은 $x+4$이다.

이에 대한 설명으로 옳은 것만을 〈보기〉에서 있는 대로 고른 것은? (단, 제시된 돌연변이 이외의 돌연변이와 교차는 고려하지 않는다.)   [3점]

┌ 보기 ┐
ㄱ. (가)를 결정하는 2쌍의 대립유전자는 서로 다른 상염색체에 있다.
ㄴ. 아버지와 어머니의 (가)의 유전자형은 같다.
ㄷ. ㉠의 동생이 태어날 때, 이 아이에게서 나타날 수 있는 (가)의 표현형은 최대 3가지이다.

① ㄱ   ② ㄴ   ③ ㄷ   ④ ㄱ, ㄷ   ⑤ ㄴ, ㄷ

10 다음은 어떤 집안의 유전 형질 (가)~(다)에 대한 자료이다.

[24917-0020]   ○ △ ✕

- (가)는 대립유전자 A와 a에 의해, (나)는 대립유전자 B와 b에 의해, (다)는 대립유전자 D와 d에 의해 결정된다. A는 a에 대해, B는 b에 대해, D는 d에 대해 각각 완전 우성이다.
- (가)~(다)의 유전자 중 2개는 X 염색체에, 나머지 1개는 상염색체에 있다.
- 가계도는 구성원 ⓐ를 제외한 구성원 1~9에게서 (가)~(다) 중 (가)와 (나)의 발현 여부를 나타낸 것이다.

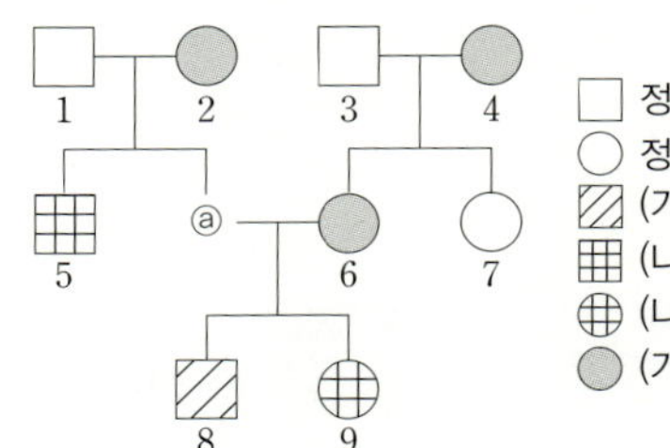

- 표는 5, 6, 7에서 체세포 1개당 유전자 ㉠~㉢의 DNA 상대량을 나타낸 것이다. ㉠~㉢은 A, B, d를 순서 없이 나타낸 것이다.

구성원		5	6	7
DNA 상대량	㉠	0	2	1
	㉡	0	1	0
	㉢	0	0	1

- 5, 6, 7, 9 중 (다)가 발현된 사람은 1명이다.

이에 대한 설명으로 옳은 것만을 〈보기〉에서 있는 대로 고른 것은? (단, 돌연변이와 교차는 고려하지 않으며, A, a, B, b, D, d 각각의 1개당 DNA 상대량은 1이다.)   [3점]

┌ 보기 ┐
ㄱ. ㉠은 B이다.
ㄴ. 4의 (가)와 (다)의 유전자형은 모두 이형 접합성이다.
ㄷ. 9의 동생이 태어날 때, 이 아이에게서 (가)~(다) 중 한 가지 형질만 발현될 확률은 $\frac{3}{8}$이다.

① ㄱ   ② ㄴ   ③ ㄱ, ㄷ   ④ ㄴ, ㄷ   ⑤ ㄱ, ㄴ, ㄷ

03회 미니모의고사

EBS 수능특강 **Q** 미니모의고사 **생명과학I**

O 알고 맞힘   /10   △ 헷갈림   /10   X 모르고 틀림   /10

[24917-0021] O △ X

1 그림 (가)와 (나)는 대장균과 박테리오파지를 순서 없이 나타낸 것이다.

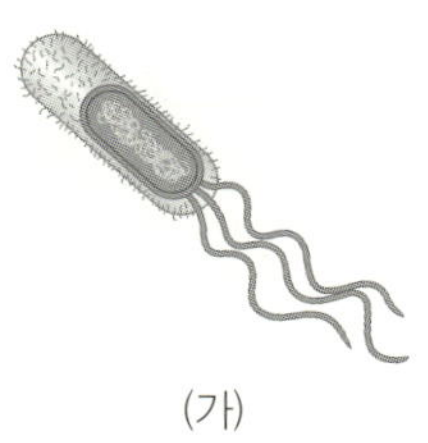
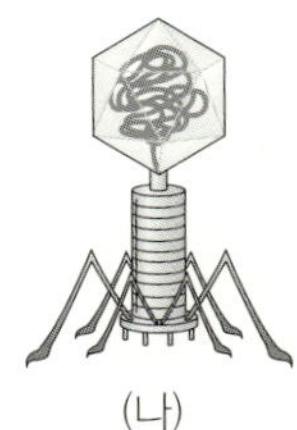

(가)   (나)

이에 대한 설명으로 옳은 것만을 〈보기〉에서 있는 대로 고른 것은?

보기
ㄱ. (가)는 유전 물질을 갖는다.
ㄴ. (나)는 세포로 구성되어 있다.
ㄷ. (가)와 (나)는 모두 독립적으로 물질대사를 한다.

① ㄱ   ② ㄴ   ③ ㄱ, ㄷ   ④ ㄴ, ㄷ   ⑤ ㄱ, ㄴ, ㄷ

[24917-0022] O △ X

2 그림은 사람에서 세포 호흡을 통해 포도당으로부터 최종 분해 산물과 에너지가 생성되는 과정을 나타낸 것이다. ㉠과 ㉡은 각각 O_2와 CO_2 중 하나이다.

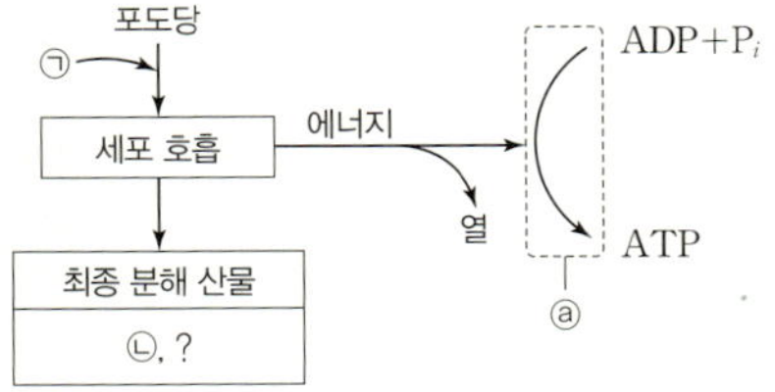

이에 대한 설명으로 옳은 것만을 〈보기〉에서 있는 대로 고른 것은?

보기
ㄱ. ㉠은 O_2이다.
ㄴ. 1분자당 에너지양은 ADP가 ATP보다 많다.
ㄷ. 근육 운동에는 과정 ⓐ에서 방출된 에너지가 사용된다.

① ㄱ   ② ㄷ   ③ ㄱ, ㄴ   ④ ㄱ, ㄷ   ⑤ ㄴ, ㄷ

[24917-0023] O △ X

3 다음은 골격근의 수축 과정에 대한 자료이다.

- 그림은 근육 원섬유 마디 X의 구조를, 표는 골격근 수축 과정의 두 시점 t_1과 t_2일 때 X의 길이와, ㉠의 길이, ㉡의 길이, ㉢의 길이를 더한 값(㉠+㉡+㉢)을 나타낸 것이다. t_2일 때 A대의 길이는 $1.6\ \mu m$이고, X는 좌우 대칭이다.

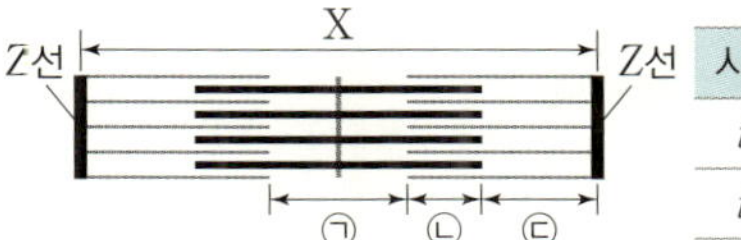

시점	X	㉠+㉡+㉢
t_1	$2.8\ \mu m$	$1.8\ \mu m$
t_2	$2.4\ \mu m$	ⓐ μm

- 구간 ㉠은 마이오신 필라멘트만 있는 부분이고, ㉡은 액틴 필라멘트와 마이오신 필라멘트가 겹치는 부분이며, ㉢은 액틴 필라멘트만 있는 부분이다.

이에 대한 설명으로 옳은 것만을 〈보기〉에서 있는 대로 고른 것은? [3점]

보기
ㄱ. ⓐ는 1.6이다.
ㄴ. X의 길이에서 ㉠의 길이를 뺀 값은 t_1일 때가 t_2일 때보다 길다.
ㄷ. $\dfrac{㉠의\ 길이+㉡의\ 길이}{㉠의\ 길이+㉢의\ 길이}$ 는 t_1일 때가 t_2일 때보다 작다.

① ㄴ   ② ㄷ   ③ ㄱ, ㄴ   ④ ㄱ, ㄷ   ⑤ ㄴ, ㄷ

[24917-0024] ○ △ ✕

4 그림은 오른쪽 다리에서 무릎 반사가 일어날 때 흥분 전달 경로를 나타낸 것이다.

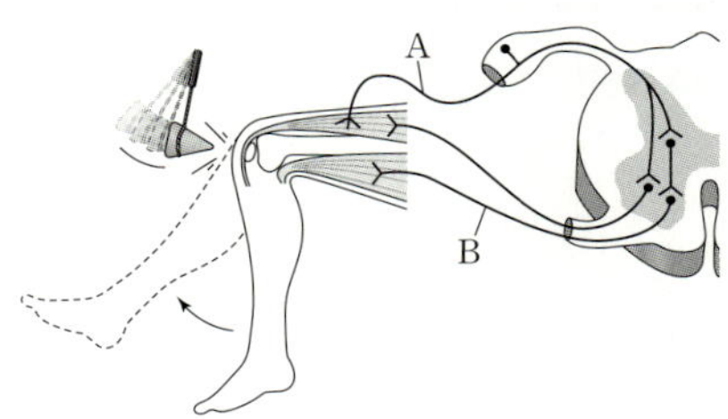

이에 대한 설명으로 옳은 것만을 〈보기〉에서 있는 대로 고른 것은?

┌ 보기 ┐
ㄱ. A가 끊기면 오른쪽 다리에서 무릎 반사가 일어나지 않는다.
ㄴ. B는 자율 신경에 속한다.
ㄷ. 무릎 반사의 중추는 대뇌이다.

① ㄱ   ② ㄷ   ③ ㄱ, ㄴ   ④ ㄴ, ㄷ   ⑤ ㄱ, ㄴ, ㄷ

[24917-0025] ○ △ ✕

5 그림 (가)는 이자에서 분비되는 호르몬 ㉠과 ㉡을, (나)는 정상인과 당뇨병 환자 A가 탄수화물을 섭취한 후 시간에 따른 혈중 ⓐ 농도를 나타낸 것이다. ㉠과 ㉡은 글루카곤과 인슐린을 순서 없이 나타낸 것이고, ⓐ는 ㉠과 ㉡ 중 하나이다.

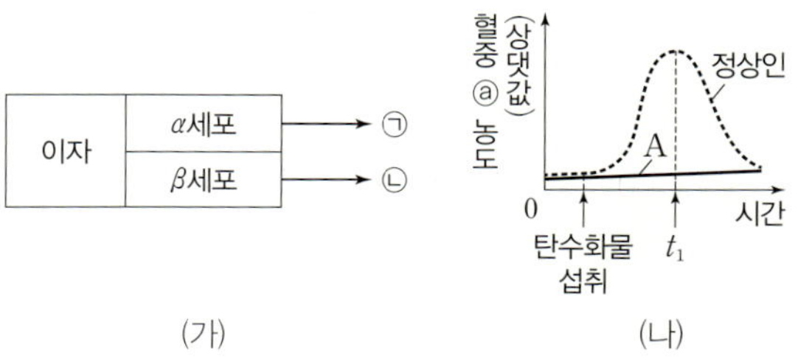

이에 대한 설명으로 옳은 것만을 〈보기〉에서 있는 대로 고른 것은? (단, 제시된 조건 이외는 고려하지 않는다.)

┌ 보기 ┐
ㄱ. ⓐ는 ㉡이다.
ㄴ. ㉠은 간에서 글리코젠의 분해를 촉진한다.
ㄷ. t_1일 때 혈중 포도당 농도는 정상인이 A보다 높다.

① ㄱ   ② ㄷ   ③ ㄱ, ㄴ   ④ ㄴ, ㄷ   ⑤ ㄱ, ㄴ, ㄷ

[24917-0026] ○ △ ✕

6 그림 (가)는 어떤 생쥐의 체내에 항원이 침입했을 때 일어나는 식세포 작용의 일부를, (나)는 면역 기능이 정상인 생쥐 ㉠에게 백신 X를 접종한 후 일정 시간이 지난 후 항원 A와 B를 투여했을 때 시간에 따른 혈중 항체 농도를 나타낸 것이다. ㉠은 A와 B에 노출된 적이 없고, 항체 a는 A에, 항체 b는 B에 대한 항체이다.

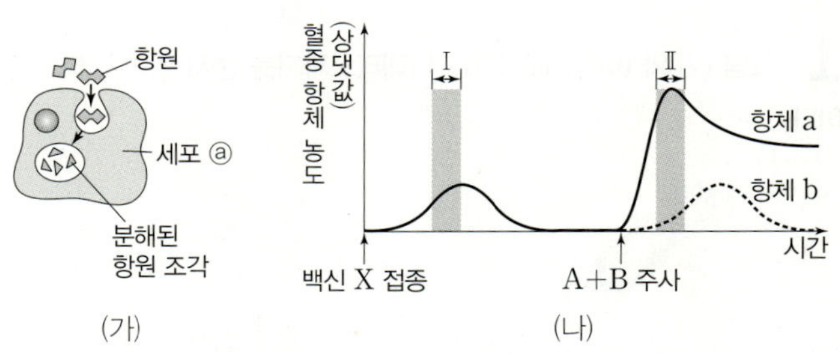

이에 대한 설명으로 옳은 것만을 〈보기〉에서 있는 대로 고른 것은? (단, 제시된 조건 이외는 고려하지 않는다.) [3점]

┌ 보기 ┐
ㄱ. 세포독성 T림프구는 ⓐ에 해당한다.
ㄴ. 구간 Ⅰ에서 A에 대한 기억 세포가 형성되었다.
ㄷ. 구간 Ⅱ에서 A와 B에 대한 특이적 면역 반응이 모두 일어났다.

① ㄱ   ② ㄴ   ③ ㄱ, ㄷ   ④ ㄴ, ㄷ   ⑤ ㄱ, ㄴ, ㄷ

[24917-0027] ○ △ ✕

7 그림 (가)는 사람의 체세포에 있는 염색체 구조를, (나)는 사람의 체세포를 배양한 후 세포당 DNA 양에 따른 세포 수를 나타낸 것이다. A는 DNA와 히스톤 단백질 중 하나이다.

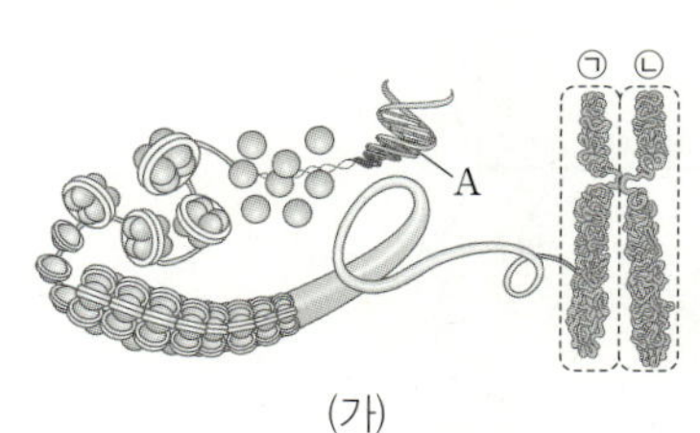

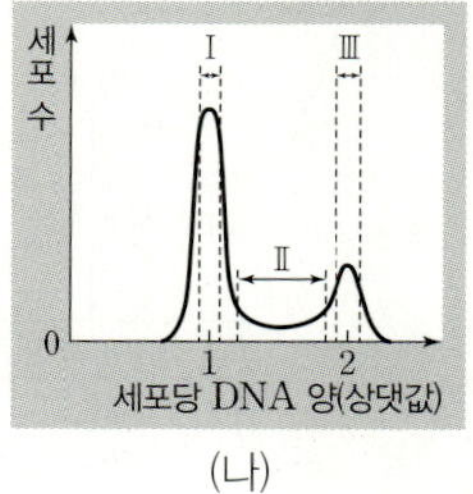

이에 대한 설명으로 옳은 것만을 〈보기〉에서 있는 대로 고른 것은?

┌ 보기 ┐
ㄱ. 구간 Ⅰ에는 방추사가 형성 중인 세포가 있다.
ㄴ. 구간 Ⅱ에는 A가 합성 중인 세포가 있다.
ㄷ. 구간 Ⅲ에는 ㉠과 ㉡이 분리 중인 세포가 있다.

① ㄱ   ② ㄷ   ③ ㄱ, ㄴ   ④ ㄴ, ㄷ   ⑤ ㄱ, ㄴ, ㄷ

8 [24917-0028] ○ △ ×

사람의 유전 형질 (가)는 대립유전자 A와 a, (나)는 B와 b, (다)는 D와 d에 의해 결정된다. 표는 사람 P의 세포 Ⅰ~Ⅲ에서 A, a, B, b, D, d의 DNA 상대량을 나타낸 것이다. ㉠~㉢은 0, 1, 2를 순서 없이 나타낸 것이다. Ⅰ~Ⅲ 중 하나는 돌연변이 ⓐ가 1회 일어나 형성된 세포이며, 나머지는 정상 세포이다. ⓐ는 결실과 염색체 비분리 중 하나이다.

세포	DNA 상대량					
	A	a	B	b	D	d
Ⅰ	㉠	1	㉠	1	0	㉠
Ⅱ	㉡	㉢	1	?	㉢	㉡
Ⅲ	㉠	?	㉢	1	?	1

이에 대한 설명으로 옳은 것만을 〈보기〉에서 있는 대로 고른 것은? (단, 제시된 돌연변이 이외의 돌연변이와 교차는 고려하지 않으며, A, a, B, b, D, d의 DNA 상대량은 1이다.) [3점]

┌ 보기 ┌
ㄱ. P는 남자이다.
ㄴ. ⓐ는 염색체 비분리이다.
ㄷ. (가)의 유전자와 (나)의 유전자는 같은 염색체에 있다.

① ㄱ   ② ㄴ   ③ ㄷ   ④ ㄱ, ㄴ   ⑤ ㄱ, ㄷ

9 [24917-0029] ○ △ ×

표는 아카시아와 개미의 상호 작용에 대한 자료이고, 그림은 시간에 따른 아카시아 키를 나타낸 것이다. ㉠과 ㉡은 개미가 있는 경우와 없는 경우를 순서 없이 나타낸 것이다.

- 아카시아는 개미에게 양분과 서식지를 제공한다.
- 개미가 없는 아카시아에는 개미가 있는 아카시아보다 더 많은 ⓐ초식 곤충이 있다.
- 아카시아와 ⓐ 사이의 상호 작용은 포식과 피식이다.

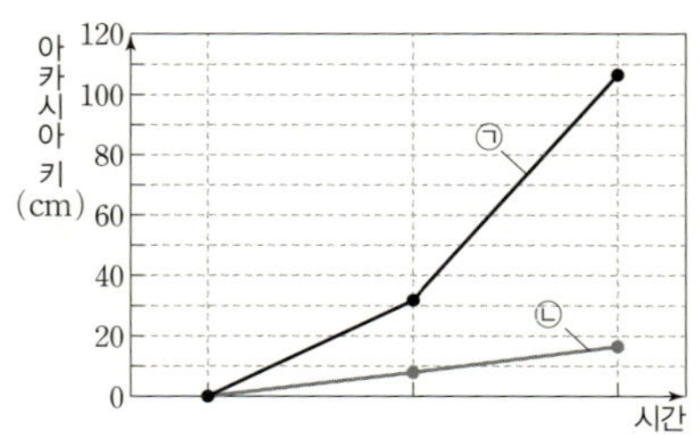

이에 대한 설명으로 옳은 것만을 〈보기〉에서 있는 대로 고른 것은? (단, 제시된 자료 이외는 고려하지 않는다.) [3점]

┌ 보기 ┌
ㄱ. ⓐ는 아카시아의 포식자이다.
ㄴ. ㉠은 개미가 있는 경우이다.
ㄷ. 아카시아와 개미 사이의 상호 작용은 상리 공생이다.

① ㄱ   ② ㄷ   ③ ㄱ, ㄴ   ④ ㄴ, ㄷ   ⑤ ㄱ, ㄴ, ㄷ

10 [24917-0030] ○ △ ×

다음은 어떤 집안의 유전 형질 ㉠과 ㉡에 대한 자료이다.

- ㉠은 대립유전자 A와 a에 의해 결정되며, A는 a에 대해 완전 우성이다.
- ㉡을 결정하는 데 관여하는 3개의 유전자 중 1개는 ㉠의 유전자와 같은 염색체에 있으며, 나머지 2개는 같은 성염색체에 있다. 3개의 유전자는 각각 대립유전자 B와 b, D와 d, E와 e를 갖는다.
- ㉡의 표현형은 유전자형에서 대문자로 표시되는 대립유전자의 수에 의해서만 결정되며, 이 대립유전자의 수가 다르면 표현형이 다르다.
- 가계도는 구성원 1~6에게서 ㉠의 발현 여부를 나타낸 것이다.

□ 정상 남자
○ 정상 여자
■ ㉠ 발현 남자
● ㉠ 발현 여자

- 표는 1~6에서 체세포 1개당 ㉠과 ㉡의 유전자형에서 대문자로 표시되는 대립유전자의 수를 더한 값을 나타낸 것이다.

구성원	대문자로 표시되는 대립유전자 수를 더한 값	구성원	대문자로 표시되는 대립유전자 수를 더한 값
1	3	4	3
2	4	5	0
3	5	6	7

- $\dfrac{1\sim6\ 각각의\ 체세포\ 1개당\ a의\ DNA\ 상대량을\ 더한\ 값}{1\sim6\ 각각의\ 체세포\ 1개당\ A의\ DNA\ 상대량을\ 더한\ 값}=3$이다.
- 1~6 각각에서 체세포 1개당 D와 d의 DNA 상대량을 더한 값은 모두 짝수이다.

이에 대한 설명으로 옳은 것만을 〈보기〉에서 있는 대로 고른 것은? (단, 돌연변이와 교차는 고려하지 않으며, A, a, B, b, D, d, E, e 각각의 1개당 DNA 상대량은 1이다.) [3점]

┌ 보기 ┌
ㄱ. 3은 아버지로부터 A와 D를 물려받았다.
ㄴ. $\dfrac{3,\ 4\ 각각의\ 체세포\ 1개당\ B,\ d,\ E의\ DNA\ 상대량을\ 더한\ 값}{1,\ 2\ 각각의\ 체세포\ 1개당\ B,\ d,\ E의\ DNA\ 상대량을\ 더한\ 값}<1$이다.
ㄷ. 6의 여동생이 태어날 때, 이 아이에게서 나타날 수 있는 ㉡의 표현형은 최대 5가지이다.

① ㄱ   ② ㄴ   ③ ㄱ, ㄷ   ④ ㄴ, ㄷ   ⑤ ㄱ, ㄴ, ㄷ

04회 미니모의고사

EBS 수능특강 Q 미니모의고사 **생명과학I**

○ 알고 맞힘 /10   △ 헷갈림 /10   ✕ 모르고 틀림 /10

[24917-0031] ○ △ ✕

1 다음은 어떤 조간대의 암반에 서식하는 생물 군집의 변화 과정을 알아보기 위해 수행한 탐구 과정에 대한 자료이다.

> [탐구 과정 및 결과]
> (가) 암반에 붙은 조류를 모두 제거하였다.
> (나) 일정 시간이 지난 후, 이 암반은 모두 파래로 뒤덮였다.
> (다) 이 암반의 A 구역에서는 파래를 완전히 제거하였고, B 구역에서는 파래를 제거하지 않고 그대로 두었다.
> (라) 일정 시간이 지난 후, A 구역과 B 구역에 서식하는 돌가사리의 개체 수를 조사하였다.

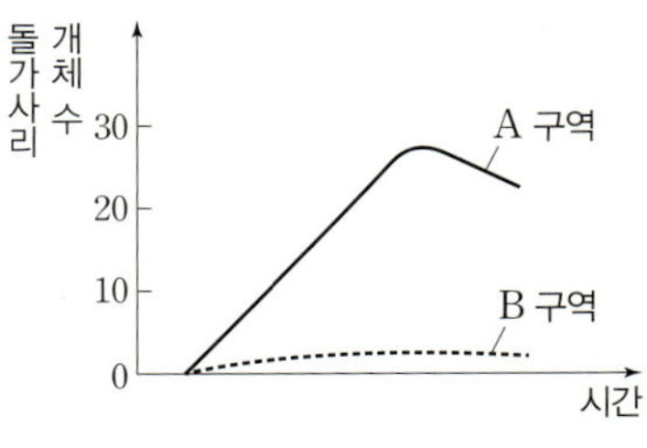

이 자료에 대한 설명으로 옳은 것만을 〈보기〉에서 있는 대로 고른 것은? (단, A 구역과 B 구역의 면적은 동일하고, 파래와 돌가사리 이외의 생물 종은 고려하지 않는다.) [3점]

> 보기
> ㄱ. 파래의 제거 여부는 조작 변인이다.
> ㄴ. 파래는 돌가사리의 정착을 촉진시킨다.
> ㄷ. (라)의 B 구역에 서식하는 파래와 돌가사리는 하나의 개체군을 이룬다.

① ㄱ　② ㄴ　③ ㄱ, ㄴ　④ ㄱ, ㄷ　⑤ ㄴ, ㄷ

[24917-0032] ○ △ ✕

2 다음은 세포 호흡 결과 생성된 노폐물 (가)~(다)에 대한 자료이다. (가)~(다)는 물, 암모니아, 이산화 탄소를, I과 II는 지방과 단백질을 순서 없이 나타낸 것이다. ㉠과 ㉡은 각각 폐와 콩팥 중 하나이다.

> • 세포 호흡 결과 (가)가 생성되는 영양소는 I, (나)가 생성되는 영양소는 I과 II이다.
> • (나)를 몸 밖으로 배출하는 기관은 ㉠이고, (다)를 몸 밖으로 배출하는 기관은 ㉠과 ㉡이다.

이에 대한 설명으로 옳은 것만을 〈보기〉에서 있는 대로 고른 것은?

> 보기
> ㄱ. 포도당이 세포 호흡에 사용된 결과 생성되는 노폐물에는 (가)가 있다.
> ㄴ. II는 소화계에서 지방산과 모노글리세리드로 분해된다.
> ㄷ. ㉡은 호흡계에 속한다.

① ㄴ　② ㄷ　③ ㄱ, ㄴ　④ ㄱ, ㄷ　⑤ ㄴ, ㄷ

[24917-0033] ○ △ ✕

3 그림은 심장에 연결된 교감 신경을 구성하는 뉴런 X에서 축삭 돌기의 한 지점 P에 역치 이상의 자극을 1회 주었을 때 발생한 흥분이 X

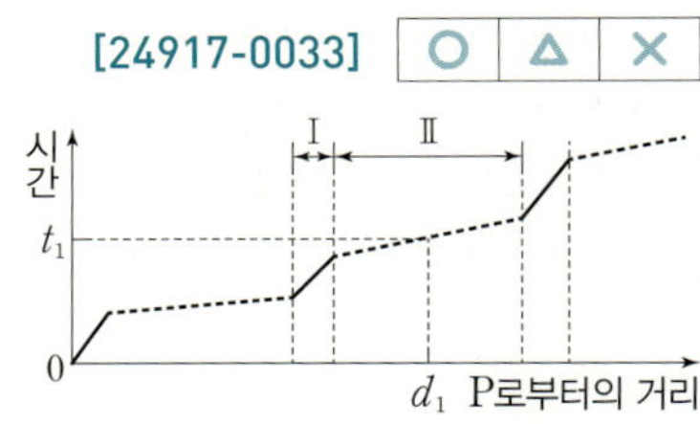

의 축삭 돌기 말단 방향 각 지점에 도달하는 데 경과된 시간을 P로부터의 거리에 따라 나타낸 것이다. I과 II는 X의 축삭 돌기에서 말이집으로 싸여 있는 부분과 말이집으로 싸여 있지 않은 부분을 순서 없이 나타낸 것이다.

이에 대한 설명으로 옳은 것만을 〈보기〉에서 있는 대로 고른 것은?

> 보기
> ㄱ. X의 축삭 돌기 말단에서 분비되는 신경 전달 물질은 노르에피네프린이다.
> ㄴ. 흥분 이동 속도는 II에서가 I에서보다 빠르다.
> ㄷ. P에 역치 이상의 자극을 준 후 t_1일 때, P로부터의 거리가 d_1인 지점에서 활동 전위가 발생한다.

① ㄱ　② ㄴ　③ ㄷ　④ ㄱ, ㄴ　⑤ ㄴ, ㄷ

---

4 [24917-0034] ○ △ ✕

그림 (가)는 자율 신경 ⓐ와 ⓑ에 각각 역치 이상의 자극을 주었을 때 생명 활동 ㉠과 ㉡, 혈압의 변화 결과를, (나)는 평균 동맥 압력에 따른 신경 X의 흥분 발생 빈도를 나타낸 것이다. ㉠과 ㉡은 분당 심장 박동 수와 소화 작용에 의한 침 분비를 순서 없이 나타낸 것이고, ⓐ와 ⓑ는 각각 교감 신경과 부교감 신경 중 하나이며, X는 ⓐ와 ⓑ 중 하나이다.

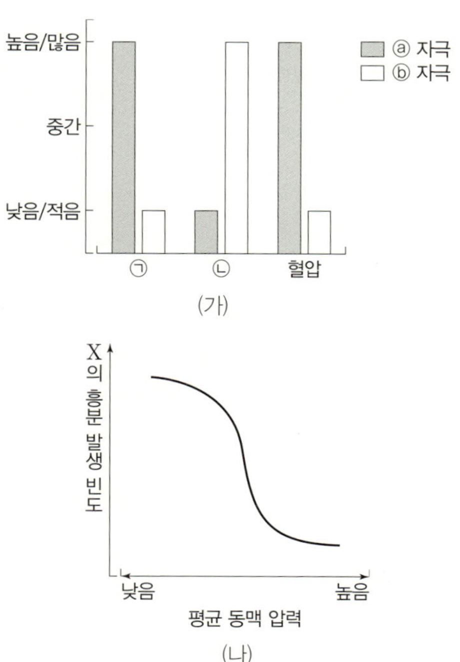

이에 대한 설명으로 옳은 것만을 〈보기〉에서 있는 대로 고른 것은? [3점]

| 보기 |

ㄱ. X는 ⓐ이다.
ㄴ. ㉡의 반응 중추는 연수이다.
ㄷ. 소장에 연결된 ⓑ의 신경절 이후 뉴런 말단에서는 노르에피네프린이 분비된다.

① ㄱ　　② ㄷ　　③ ㄱ, ㄴ　　④ ㄴ, ㄷ　　⑤ ㄱ, ㄴ, ㄷ

5 [24917-0035] ○ △ ✕

그림 (가)는 어떤 정상인에서 나타나는 호르몬 X의 분비와 작용을, (나)는 이 사람이 1 L의 물을 섭취한 후 시간에 따른 오줌 삼투압을 나타낸 것이다.

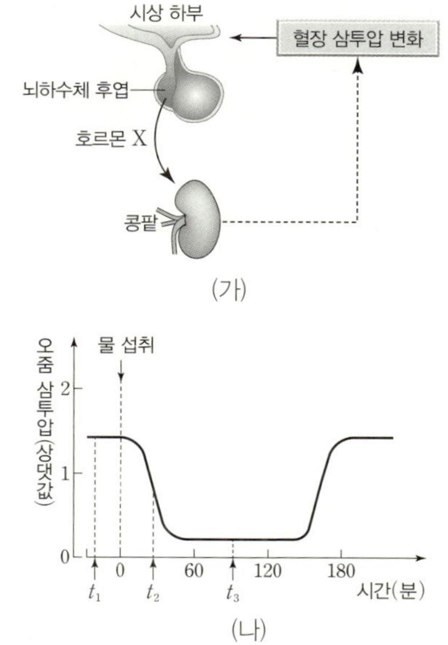

이에 대한 설명으로 옳은 것만을 〈보기〉에서 있는 대로 고른 것은? (단, 제시된 자료 이외에 체내 수분량에 영향을 미치는 요인은 없다.)

| 보기 |

ㄱ. 콩팥은 X의 표적 기관이다.
ㄴ. 혈중 X의 농도는 t_1일 때가 t_2일 때보다 높다.
ㄷ. 단위 시간당 오줌 생성량은 t_3일 때가 t_2일 때보다 적다.

① ㄱ　　② ㄷ　　③ ㄱ, ㄴ　　④ ㄴ, ㄷ　　⑤ ㄱ, ㄴ, ㄷ

6 그림 (가)는 병원체 X와 Y를, (나)는 어떤 사람이 X와 Y에 감염
되었을 때 시간에 따른 항원 ㉠~㉢에 대한 혈중 항체 농도를 나타낸 것
이다. 항원 ㉠~㉢은 항원 A~C를 순서 없이 나타낸 것이다.

[24917-0036]

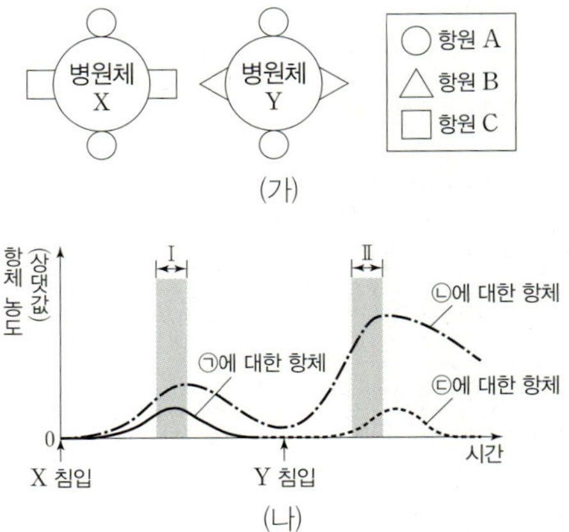

이에 대한 설명으로 옳은 것만을 〈보기〉에서 있는 대로 고른 것은? [3점]

┌─ 보기 ┐
ㄱ. 항원 ㉠은 항원 C이다.
ㄴ. 항원 ㉡과 ㉢에 대한 항체는 서로 다른 형질 세포에서 생성
    된다.
ㄷ. 구간 I과 II에서 모두 비특이적 방어 작용이 일어난다.

① ㄱ　　　② ㄷ　　　③ ㄱ, ㄴ　　　④ ㄴ, ㄷ　　　⑤ ㄱ, ㄴ, ㄷ

---

7 사람의 유전 형질 ⓐ는 2쌍의 대립유전자 A와 a, B와 b에 의해
결정되고, ⓑ는 대립유전자 D와 d에 의해 결정된다. ⓐ와 ⓑ의 유전자는
서로 다른 3개의 염색체에 있다. 표는 사람 P의 G_1기 세포로부터 생식
세포가 형성되는 과정에서 나타나는 세포 I~III이 갖는 유전자 A, B, D, d의
DNA 상대량을 나타낸 것이다. ㉠~㉣은 4, 2, 1, 0을 순서 없이 나타낸 것이고, II
와 III은 중기의 세포이다.

[24917-0037]

세포	DNA 상대량			
	A	B	D	d
I	㉠	㉡	㉡	㉠
II	㉢	㉣	㉡	㉣
III	㉣	㉣	㉡	㉡

이에 대한 설명으로 옳은 것만을 〈보기〉에서 있는 대로 고른 것은? (단,
돌연변이는 고려하지 않으며, A, a, B, b, D, d 각각의 1개당 DNA
상대량은 1이다.)

┌─ 보기 ┐
ㄱ. ㉣은 2이다.
ㄴ. I은 G_1기 세포이다.
ㄷ. P의 ⓐ의 유전자형은 AABb이다.

① ㄴ　　　② ㄷ　　　③ ㄱ, ㄴ　　　④ ㄱ, ㄷ　　　⑤ ㄴ, ㄷ

---

8 그림 (가)는 어떤 지역의 식물 군집에서 산불이 일어나기 전과 후의
천이 과정 중 일부를 시간 흐름($t_1 \rightarrow t_2 \rightarrow t_3 \rightarrow t_4 \rightarrow t_5$)에 따라 나타
낸 것이고, (나)는 (가)의 과정 I에서 식물 종 ⓐ~ⓒ의 시간에 따른 피도
를 나타낸 것이다. ㉠~㉢은 관목림, 양수림, 음수림을 순서 없이, ⓐ~ⓒ
는 각각 ㉠~㉢의 우점종을 순서 없이 나타낸 것이다.

[24917-0038]

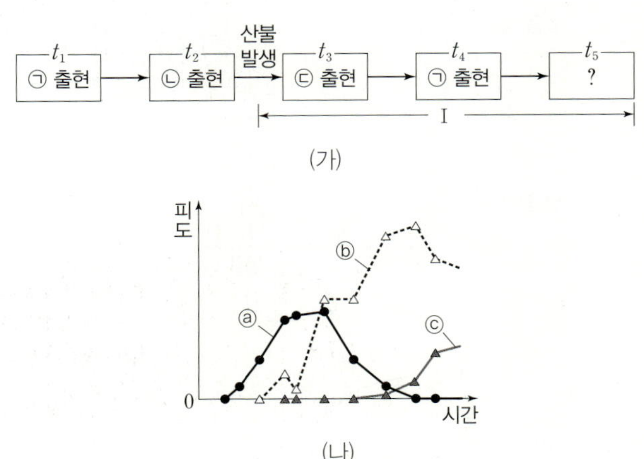

이에 대한 설명으로 옳은 것만을 〈보기〉에서 있는 대로 고른 것은?

┌─ 보기 ┐
ㄱ. ⓐ는 ㉢의 우점종이다.
ㄴ. 이 식물 군집의 평균 높이는 t_2일 때가 t_3일 때보다 높다.
ㄷ. ㉠의 우점종은 ㉢보다 빛의 세기가 약한 조건에서 더 잘 생
    장한다.

① ㄱ　　　② ㄷ　　　③ ㄱ, ㄴ　　　④ ㄴ, ㄷ　　　⑤ ㄱ, ㄴ, ㄷ

9 [24917-0039] ○ △ ×

유전 형질 (가)는 서로 다른 3개의 상염색체에 있는 3쌍의 대립유전자 E와 e, F와 f, G와 g에 의해 결정된다. 그림은 G_1기 세포 ㉠으로부터 정자가 형성되는 과정을, 표는 세포 Ⅰ~Ⅳ에서 E, e, F, f, G, g의 DNA 상대량을 나타낸 것이다. Ⅰ~Ⅳ는 ㉠~㉣을 순서 없이 나타낸 것이다. 과정 ㉮에서 염색체 비분리가 1회 일어났고, 과정 ㉯에서 대립유전자 ⓐ가 대립유전자 ⓑ로 변하는 돌연변이가 1회 일어났다. ⓐ와 ⓑ는 E와 e, F와 f, G와 g 중 하나이며, ㉡은 중기의 세포이다.

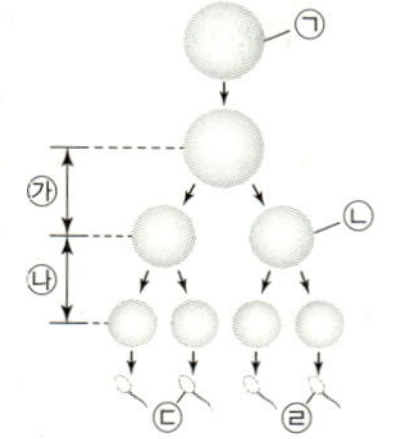

구분	DNA 상대량					
	E	e	F	f	G	g
Ⅰ	2	?	2	?	0	?
Ⅱ	0	?	?	1	1	?
Ⅲ	?	1	2	?	?	1
Ⅳ	?	1	1	0	?	1

이에 대한 설명으로 옳은 것만을 〈보기〉에서 있는 대로 고른 것은? (단, 제시된 돌연변이 이외의 돌연변이는 고려하지 않으며, E, e, F, f, G, g 각각의 1개당 DNA 상대량은 1이다.) [3점]

〔 보기 〕
ㄱ. ㉠의 (가)의 유전자형은 EeFfGg이다.
ㄴ. ㉢에는 ⓑ가 있다.
ㄷ. 세포 1개당 $\dfrac{\text{E, G의 DNA 상대량을 더한 값}}{\text{e, f의 DNA 상대량을 더한 값}}$ 은 Ⅲ에서가 Ⅳ에서의 2배이다.

① ㄱ   ② ㄴ   ③ ㄷ   ④ ㄱ, ㄴ   ⑤ ㄴ, ㄷ

10 [24917-0040] ○ △ ×

다음은 어떤 사람의 유전 형질 (가)에 대한 자료이다.

- (가)는 상염색체에 있는 3쌍의 대립유전자 A와 a, B와 b, D와 d에 의해 결정된다.
- (가)의 표현형은 유전자형에서 대문자로 표시되는 대립유전자의 수에 의해서만 결정되며, 이 대립유전자의 수가 다르면 표현형이 다르다.
- 유전자형이 AaBbDd인 부모 사이에서 ⓐ가 태어날 때, ⓐ에게서 나타날 수 있는 표현형은 최대 7가지이며, ⓐ의 유전자형이 aabbDd일 확률은 $\dfrac{1}{32}$이다.

이에 대한 설명으로 옳은 것만을 〈보기〉에서 있는 대로 고른 것은? (단, 돌연변이는 고려하지 않는다.) [3점]

〔 보기 〕
ㄱ. (가)의 유전자는 모두 서로 다른 상염색체에 있다.
ㄴ. 유전자형이 AaBbDd인 사람에서 형성되는 생식세포가 A, B, D를 모두 가질 확률은 $\dfrac{1}{6}$이다.
ㄷ. ⓐ에서 (가)의 표현형이 부모와 다를 확률은 $\dfrac{5}{16}$이다.

① ㄱ   ② ㄴ   ③ ㄱ, ㄷ   ④ ㄴ, ㄷ   ⑤ ㄱ, ㄴ, ㄷ

05 _회 미니모의고사

EBS 수능특강 **Q** 미니모의고사 **생명과학I**

◯ 알고 맞힘 　　/10　　△ 헷갈림 　　/10　　✕ 모르고 틀림 　　/10

[24917-0041] ◯ △ ✕

1 표는 생물의 특성의 예를 나타낸 것이다. (가)와 (나)는 항상성, 적응과 진화를 순서 없이 나타낸 것이다.

생물의 특성	예
(가)	가랑잎벌레의 몸의 형태가 주변의 잎과 비슷하여 포식자의 눈에 띄지 않는다.
(나)	사람이 물을 많이 마시면 ⓐ 항이뇨 호르몬(ADH)의 분비가 줄어들어 생성되는 오줌의 양이 증가한다.
발생과 생장	㉠

이에 대한 설명으로 옳은 것만을 〈보기〉에서 있는 대로 고른 것은?

> **보기**
> ㄱ. (가)는 적응과 진화이다.
> ㄴ. ⓐ의 분비 조절 중추는 연수이다.
> ㄷ. '개구리의 수정란은 올챙이를 거쳐 개구리가 된다.'는 ㉠에 해당한다.

① ㄱ　　② ㄴ　　③ ㄱ, ㄷ　　④ ㄴ, ㄷ　　⑤ ㄱ, ㄴ, ㄷ

[24917-0042] ◯ △ ✕

2 그림은 사람 몸에 있는 각 기관계의 통합적 작용과 몸 밖과 안에서의 물질 이동을, 표는 기관계 A~C 각각에 속하는 기관의 예를 나타낸 것이다. A~C는 배설계, 소화계, 호흡계를, ㉠과 ㉡은 폐와 콩팥을 순서 없이 나타낸 것이다.

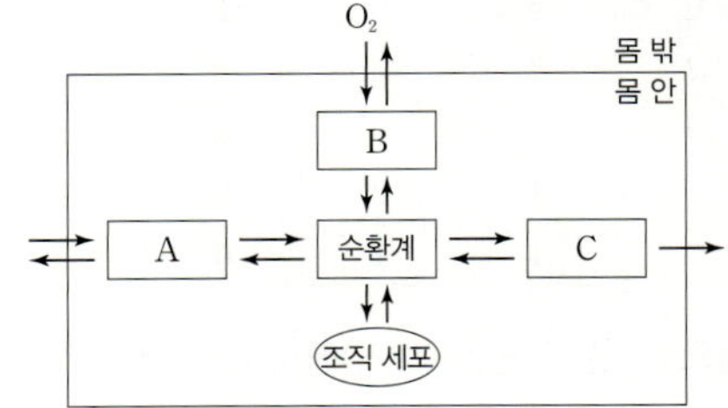

기관계	기관의 예
A	이자
B	㉠
C	㉡

이에 대한 설명으로 옳은 것만을 〈보기〉에서 있는 대로 고른 것은?

> **보기**
> ㄱ. A에서 지방이 소화된다.
> ㄴ. ㉠에는 폐포가 있다.
> ㄷ. ㉡에서 오줌이 생성된다.

① ㄱ　　② ㄴ　　③ ㄱ, ㄷ　　④ ㄴ, ㄷ　　⑤ ㄱ, ㄴ, ㄷ

---

3 다음은 골격근의 수축 과정에 대한 자료이다. [24917-0043]

- 그림은 근육 원섬유 마디 X의 구조를, 표는 골격근 수축 과정의 두 시점 t_1과 t_2일 때 X의 길이, A대의 길이에서 ⊙의 길이를 뺀 값(A대−⊙), ⓒ의 길이에서 H대의 길이를 뺀 값(ⓒ−H대)을 나타낸 것이다.

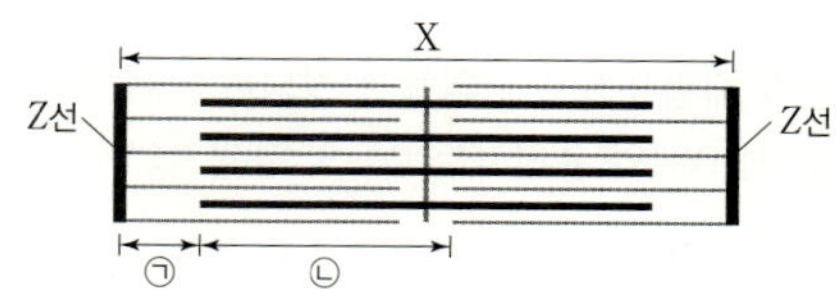

(단위: μm)

시점	X의 길이	A대−⊙	ⓒ−H대
t_1	2.6	1.1	0.7
t_2	ⓐ	ⓑ	0.4

- ⊙은 액틴 필라멘트만 있는 부분이고, ⓒ은 마이오신 필라멘트와 액틴 필라멘트가 겹치는 부분, 그리고 마이오신 필라멘트만 있는 부분이다. X는 좌우 대칭이다.

이에 대한 설명으로 옳은 것만을 〈보기〉에서 있는 대로 고른 것은? [3점]

보기
ㄱ. ⓐ+ⓑ=4.0이다.
ㄴ. t_1일 때 ⊙의 길이는 0.6 μm이다.
ㄷ. ⓒ의 길이는 t_1일 때가 t_2일 때보다 길다.

① ㄱ 　② ㄴ 　③ ㄱ, ㄷ 　④ ㄴ, ㄷ 　⑤ ㄱ, ㄴ, ㄷ

4 그림은 정상인이 평상시와 같은 물 섭취를 하다가 구간 Ⅰ에서 평상시와 다른 물 섭취를 했을 때 시간에 따른 혈중 항이뇨 호르몬(ADH) 농도를 나타낸 것이다. 평상시와 다른 물 섭취는 '평상시보다 많은 양의 물 섭취'와 '평상시보다 적은 양의 물 섭취' 중 하나이다. [24917-0044]

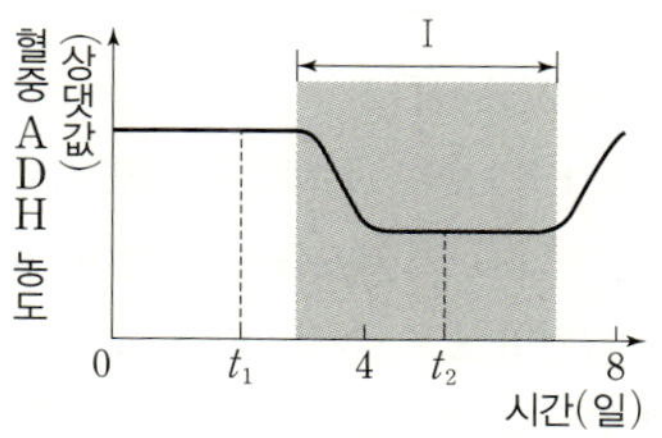

이에 대한 설명으로 옳은 것만을 〈보기〉에서 있는 대로 고른 것은? (단, 제시된 조건 이외는 고려하지 않는다.)

보기
ㄱ. ADH의 분비 조절 중추는 시상 하부이다.
ㄴ. 평상시와 다른 물 섭취는 '평상시보다 적은 양의 물 섭취'이다.
ㄷ. 생성되는 오줌의 삼투압은 t_2일 때가 t_1일 때보다 높다.

① ㄱ 　② ㄴ 　③ ㄷ 　④ ㄱ, ㄴ 　⑤ ㄱ, ㄷ

5 그림 (가)는 어떤 사람이 세균 X에 감염된 후 나타나는 특이적 방어 작용의 일부를, (나)는 이 사람에서 X의 1차와 2차 침입에 의해 생성되는 X에 대한 혈중 항체의 농도 변화를 나타낸 것이다. ⊙~ⓒ은 기억 세포, 형질 세포, 보조 T 림프구를 순서 없이 나타낸 것이다. [24917-0045]

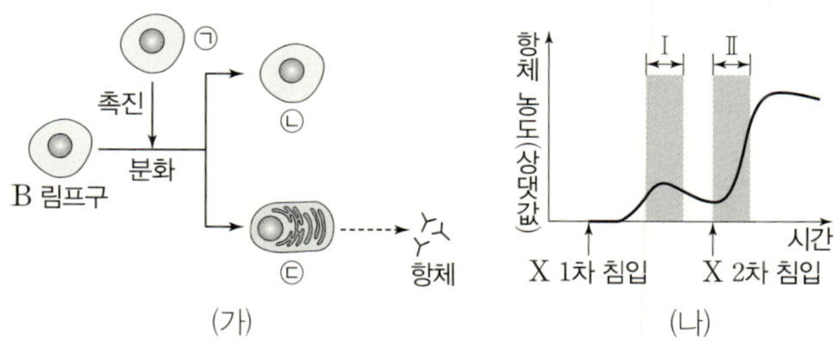

이에 대한 설명으로 옳은 것만을 〈보기〉에서 있는 대로 고른 것은?

보기
ㄱ. ⊙은 보조 T 림프구이다.
ㄴ. 구간 Ⅰ에서 항원 항체 반응이 일어났다.
ㄷ. 구간 Ⅱ에서 X에 대한 항체는 ⓒ에서 분비되었다.

① ㄱ 　② ㄷ 　③ ㄱ, ㄴ 　④ ㄱ, ㄷ 　⑤ ㄴ, ㄷ

[24917-0046] ○ △ ✕

6 어떤 동물 종($2n$)의 유전 형질 (가)는 2쌍의 대립유전자 R와 r, T와 t에 의해 결정된다. 이 동물 종의 개체 Ⅰ에서 형성된 생식세포 ㉠이 생식세포 ㉡과 수정되어 개체 Ⅱ가 태어났다. 표는 세포 A~D가

세포	DNA 상대량			
	R	r	T	t
A	0	?	1	?
B	?	0	ⓐ	0
C	2	2	?	2
D	1	?	1	?

갖는 유전자 R, r, T, t의 DNA 상대량을 나타낸 것이다. A~D는 ㉠, ㉡, Ⅰ의 G_2기 세포, Ⅱ의 G_2기 세포를 순서 없이 나타낸 것이다. 이 동물 종의 성염색체는 암컷이 XX, 수컷이 XY이다.

이에 대한 설명으로 옳은 것만을 〈보기〉에서 있는 대로 고른 것은? (단, 돌연변이와 교차는 고려하지 않으며, R, r, T, t 각각의 1개당 DNA 상대량은 1이다.) [3점]

┌─ 보기 ┐
ㄱ. ⓐ는 2이다.
ㄴ. Ⅱ는 수컷이다.
ㄷ. D는 ㉡이다.
└─────┘

① ㄱ ② ㄴ ③ ㄷ ④ ㄱ, ㄷ ⑤ ㄴ, ㄷ

[24917-0047] ○ △ ✕

7 다음은 어떤 가족의 유전 형질 (가)와 (나)에 대한 자료이다.

- (가)는 서로 다른 2개의 상염색체에 있는 2쌍의 대립유전자 A와 a, B와 b에 의해 결정된다.
- (가)의 표현형은 유전자형에서 대문자로 표시되는 대립유전자의 수에 의해서만 결정되며, 이 대립유전자의 수가 다르면 표현형이 다르다.
- (나)는 1쌍의 대립유전자에 의해 결정되며, 대립유전자에는 D, E, F가 있다. (나)의 유전자는 (가)의 유전자와 서로 다른 상염색체에 있다.
- (나)의 표현형은 4가지이며, (나)의 유전자형이 DE인 사람과 EE인 사람의 표현형은 같고, 유전자형이 DF인 사람과 FF인 사람의 표현형은 같다.
- 그림은 구성원 1~3의 가계도를 나타낸 것이다. 가계도에 (가)와 (나)의 표현형은 나타내지 않았다.

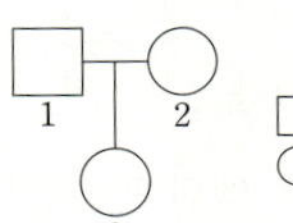

- 1과 2의 (가)의 표현형은 서로 다르다.
- 3의 동생 ㉠이 태어날 때, ㉠에게서 나타날 수 있는 (가)와 (나)의 표현형은 최대 16가지이다.
- ㉠은 유전자형이 AABBEF인 사람과 같은 (가)와 (나)의 표현형을 가질 수 있다.

㉠이 유전자형이 AaBBDD인 사람과 동일한 (가)와 (나)의 표현형을 가질 확률은? (단, 돌연변이는 고려하지 않는다.) [3점]

① $\frac{3}{64}$ ② $\frac{1}{16}$ ③ $\frac{3}{32}$ ④ $\frac{5}{32}$ ⑤ $\frac{3}{16}$

8 [24917-0048]  다음은 어떤 가족의 유전 형질 (가)에 대한 자료이다.

- (가)를 결정하는 데 관여하는 3개의 유전자는 서로 다른 2개의 상염색체에 있으며, 3개의 유전자는 각각 대립유전자 A와 a, B와 b, D와 d를 갖는다.
- (가)의 표현형은 유전자형에서 대문자로 표시되는 대립유전자의 수에 의해서만 결정되며, 이 대립유전자의 수가 다르면 표현형이 다르다.
- 표는 핵형이 모두 정상인 이 가족 구성원의 (가)에 대한 유전자형과 대문자로 표시되는 대립유전자의 수를 나타낸 것이다.

구성원	유전자형	대문자로 표시되는 대립유전자의 수
아버지	AaBbDd	3
어머니	aabbDd	1
자녀 1	?	4
자녀 2	AaBbdd	2
자녀 3	?	6

- 자녀 1~3 중 2명은 정상 정자와 정상 난자가 수정되어 태어났고, 나머지 1명은 염색체 수가 비정상적인 난자 ⓐ와 염색체 수가 비정상적인 정자 ⓑ가 수정되어 태어났으며, ⓐ와 ⓑ의 형성 과정에서 각각 염색체 비분리가 1회 일어났다.

이에 대한 설명으로 옳은 것만을 〈보기〉에서 있는 대로 고른 것은? (단, 제시된 염색체 비분리 이외의 돌연변이와 교차는 고려하지 않는다.)[3점]

┌ 보기 ┐
ㄱ. 아버지에서 A와 D는 다른 염색체에 있다.
ㄴ. ⓑ의 형성 과정에서 염색체 비분리는 감수 2분열에서 일어났다.
ㄷ. 자녀 3의 동생이 태어날 때, 이 아이에게서 나타날 수 있는 (가)에 대한 표현형은 최대 5가지이다.

① ㄱ ② ㄷ ③ ㄱ, ㄴ ④ ㄴ, ㄷ ⑤ ㄱ, ㄴ, ㄷ

---

9 [24917-0049] ○ △ ✕ 다음은 어떤 지역의 식물 군집에서 우점종을 알아보기 위한 탐구 자료이다.

(가) 표는 이 지역에 방형구를 설치하여 식물 종 A~D의 분포를 조사한 결과 일부를 나타낸 것이다. A와 C가 출현한 방형구 수는 같다.

종	A	B	C	D
개체 수	64	50	?	54
출현한 방형구 수	?	18	?	22

(나) 표는 조사한 자료를 바탕으로 각 식물 종의 ㉠~㉢을 구한 결과를 나타낸 것이다. ㉠~㉢은 상대 밀도, 상대 빈도, 상대 피도를 순서 없이 나타낸 것이다.

(단위: %)

종	A	B	C	D
㉠	25	?	25	ⓐ
㉡	32	ⓑ	?	27
㉢	26.5	?	20	32.5

이에 대한 설명으로 옳은 것만을 〈보기〉에서 있는 대로 고른 것은? (단, A~D 이외의 종은 고려하지 않는다.) [3점]

┌ 보기 ┐
ㄱ. ㉠은 상대 빈도이다.
ㄴ. ⓐ+ⓑ=50이다.
ㄷ. 중요치가 가장 높은 종은 A이다.

① ㄱ ② ㄷ ③ ㄱ, ㄴ ④ ㄴ, ㄷ ⑤ ㄱ, ㄴ, ㄷ

---

10 [24917-0050] ○ △ ✕ 그림은 어떤 생태계에서 일어나는 질소 순환과 탄소 순환 과정의 일부를, 표는 이 과정에서 일어나는 물질의 전환 (가)~(다)를 나타낸 것이다. A~C는 동물, 식물, 뿌리혹박테리아를 순서 없이 나타낸 것이고 X와 Y는 질소의 이동과 탄소의 이동을 순서 없이 나타낸 것이다. N_2는 질소 기체이다.

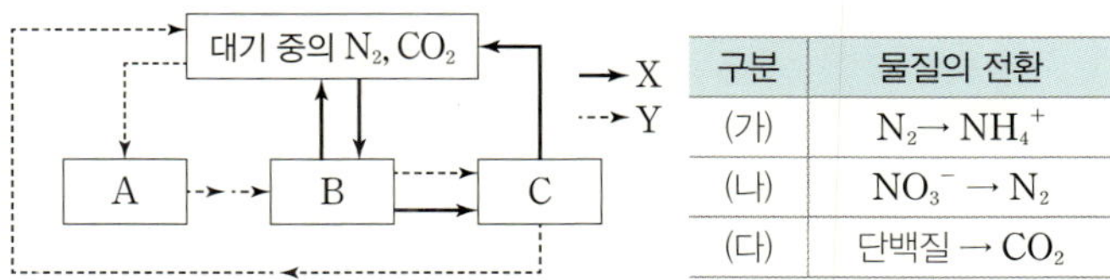

구분	물질의 전환
(가)	$N_2 \rightarrow NH_4^+$
(나)	$NO_3^- \rightarrow N_2$
(다)	단백질 $\rightarrow CO_2$

이에 대한 설명으로 옳은 것만을 〈보기〉에서 있는 대로 고른 것은?

┌ 보기 ┐
ㄱ. (가)는 뿌리혹박테리아에 의해 일어난다.
ㄴ. B는 식물이다.
ㄷ. C에 의해 (나)와 (다)가 모두 일어난다.

① ㄱ ② ㄴ ③ ㄱ, ㄴ ④ ㄱ, ㄷ ⑤ ㄴ, ㄷ

06회 미니모의고사

EBS 수능특강 **Q** 미니모의고사 **생명과학 I**

○ 알고 맞힘 　/10　△ 헷갈림　/10　✕ 모르고 틀림　/10

[24917-0051]　○ △ ✕

1 다음은 생명 과학의 탐구 방법에 대한 자료이다. (가)와 (나)는 각각 귀납적 탐구 방법에 대한 예와 연역적 탐구 방법에 대한 예 중 하나이다.

> (가) 몇 종류의 식물에서 잎의 앞면과 뒷면에 분포하는 기공의 수가 다르다는 것을 발견하고, 그 외의 여러 종류의 식물에서 잎의 앞면과 뒷면 중 어디에 더 많은 기공이 분포하는지 조사하였다. 그 결과 육상 식물은 잎의 뒷면에, 수생 식물은 잎의 앞면에 기공이 많이 분포한다는 것을 알아내었다.
>
> (나) 푸른곰팡이가 세균 증식 억제 물질을 만들 것이라고 생각하였다. ⊙ 동일한 조건의 배지에서 배양한 세균을 두 집단으로 나누고 집단별로 푸른곰팡이 배양액 첨가 여부를 달리하여 각 집단에서 세균 증식량을 조사하였다. 그 결과 푸른곰팡이가 세균 증식 억제 물질을 만든다는 결론을 도출하였다.

이에 대한 설명으로 옳은 것만을 〈보기〉에서 있는 대로 고른 것은?

> **보기**
> ㄱ. (가)에서 대조 실험이 수행되었다.
> ㄴ. ⊙은 독립변인에 해당한다.
> ㄷ. (나)에 연역적 탐구 방법이 이용되었다.

① ㄱ　② ㄷ　③ ㄱ, ㄴ　④ ㄴ, ㄷ　⑤ ㄱ, ㄴ, ㄷ

[24917-0052]　○ △ ✕

2 표 (가)는 사람에서 생명 활동에 필요한 에너지를 얻기 위해 일어나는 과정 I~IV의 특징을, (나)는 I~IV에 기관계 A~D의 관여 여부를 나타낸 것이다. A~D는 배설계, 소화계, 순환계, 호흡계를 순서 없이 나타낸 것이다.

과정	특징
I	소화된 영양소가 근육 세포에 공급된다.
II	⊙ 산소가 흡수되어 근육 세포에 공급된다.
III	근육 세포에서 생성된 물이 몸 밖으로 배출된다.
IV	근육 세포에서 생성된 암모니아가 요소로 전환된다.

(가)

기관계 / 과정	A	B	C	D
I	×	○	×	?
II	×	×	○	?
III	○	×	○	?
IV	×	○	?	?

(○: 관여함, ×: 관여 안 함)

(나)

이에 대한 설명으로 옳은 것만을 〈보기〉에서 있는 대로 고른 것은?

> **보기**
> ㄱ. ⊙은 세포 호흡에 이용된다.
> ㄴ. 이산화 탄소는 C를 통해 몸 밖으로 배출된다.
> ㄷ. D는 I~IV에 모두 관여한다.

① ㄱ　② ㄷ　③ ㄱ, ㄴ　④ ㄴ, ㄷ　⑤ ㄱ, ㄴ, ㄷ

3

[24917-0053] 

다음은 골격근의 수축 과정에 대한 자료이다.

- 표는 골격근 수축 과정의 세 시점 t_1~t_3일 때 근육 원섬유 마디 X의 길이, ㉠의 길이, ㉡의 길이와 ㉢의 길이를 더한 값(㉡+㉢)을, 그림은 X의 구조를 나타낸 것이다. X는 좌우 대칭이다.

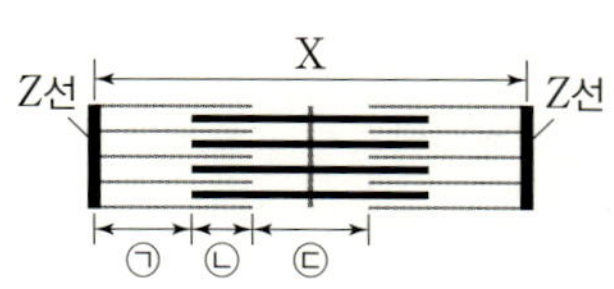

시점	X의 길이	㉠의 길이	㉡+㉢
t_1	?	1.0	1.6
t_2	?	0.7	?
t_3	2.8	?	1.1

(단위: μm)

- 구간 ㉠은 액틴 필라멘트만 있는 부분이고, ㉡은 마이오신 필라멘트와 액틴 필라멘트가 겹치는 부분이며, ㉢은 마이오신 필라멘트만 있는 부분이다.

이에 대한 설명으로 옳은 것만을 〈보기〉에서 있는 대로 고른 것은? [3점]

보기

ㄱ. t_1일 때 ㉡의 길이는 0.3 μm이다.

ㄴ. t_3일 때 ㉢의 길이는 0.5 μm이다.

ㄷ. $\dfrac{t_2일\ 때\ X의\ 길이}{t_1일\ 때\ X의\ 길이}$ 는 $\dfrac{16}{19}$이다.

① ㄱ　　② ㄷ　　③ ㄱ, ㄴ　　④ ㄴ, ㄷ　　⑤ ㄱ, ㄴ, ㄷ

4

[24917-0054] 

그림 (가)는 중추 신경계의 구조를, (나)는 심장에 연결된 자율 신경을 나타낸 것이다. ㉠에서 활동 전위 발생 빈도가 증가하면 심장 박동이 억제된다. ⓐ와 ⓑ 중 하나에 신경절이 있고, ㉠은 1개의 뉴런이다. A~C는 각각 대뇌, 소뇌, 연수 중 하나이다.

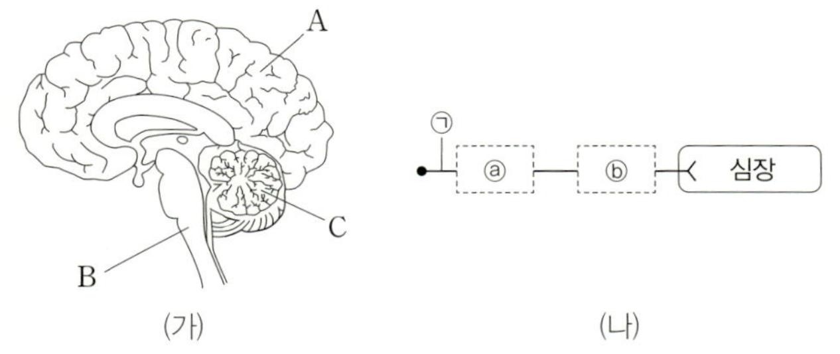

(가)　　　　　　(나)

이에 대한 설명으로 옳은 것만을 〈보기〉에서 있는 대로 고른 것은? [3점]

보기

ㄱ. ⓐ에 신경절이 있다.

ㄴ. A의 겉질에 신경 세포체가 존재한다.

ㄷ. ㉠의 신경 세포체는 B에 존재한다.

① ㄱ　　② ㄴ　　③ ㄷ　　④ ㄱ, ㄴ　　⑤ ㄴ, ㄷ

5

[24917-0055] 

다음은 천연두의 병원체 X와 결핵의 병원체 Y에 대한 실험이다.

[실험 과정 및 결과]

(가) 영양 물질로만 구성된 동일한 배지 Ⅰ~Ⅴ를 준비한다.

(나) Ⅰ~Ⅴ에 X, Y, 약물 ㉠, 약물 ㉡을 표와 같이 첨가한 후 일정 시간 동안 배양한다. Ⅰ~Ⅴ에서 첨가한 병원체의 증식 여부를 조사한 결과는 표와 같다. ㉠과 ㉡은 항생제와 항바이러스제를 순서 없이 나타낸 것이다.

배지	첨가한 병원체와 약물	증식 여부
Ⅰ	X	ⓐ
Ⅱ	Y	○
Ⅲ	X+㉠+㉡	×
Ⅳ	Y+㉠	×
Ⅴ	Y+㉡	○

(○: 증식함, ×: 증식 안 함)

이에 대한 설명으로 옳은 것만을 〈보기〉에서 있는 대로 고른 것은? (단, 제시된 자료 이외는 고려하지 않는다.) [3점]

보기

ㄱ. ⓐ는 '×'이다.

ㄴ. ㉠은 세균성 질병의 치료에 사용한다.

ㄷ. Y는 세포막을 갖는다.

① ㄴ　　② ㄷ　　③ ㄱ, ㄴ　　④ ㄱ, ㄷ　　⑤ ㄱ, ㄴ, ㄷ

6

[24917-0056] 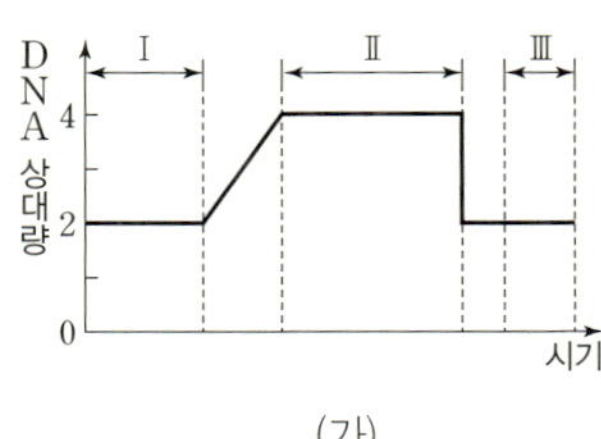

그림 (가)는 어떤 동물($2n$＝4)의 세포 P가 분열하는 동안 핵 1개당 DNA 양 변화의 일부를, (나)는 이 세포 분열 과정의 어느 한 시기에서 관찰되는 세포를 나타낸 것이다.

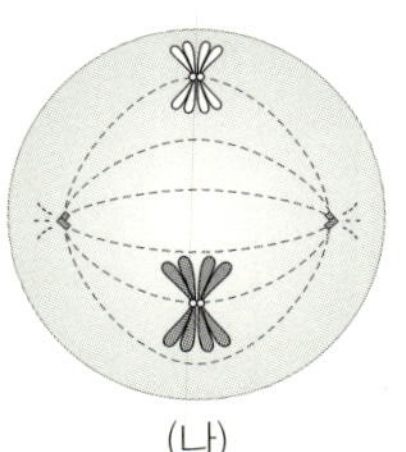

(가)　　　　　　(나)

이에 대한 설명으로 옳은 것만을 〈보기〉에서 있는 대로 고른 것은? (단, 돌연변이는 고려하지 않는다.)

보기

ㄱ. (나)는 Ⅲ 시기에 관찰된다.

ㄴ. Ⅰ 시기의 세포에는 히스톤 단백질이 있다.

ㄷ. Ⅰ 시기의 세포와 Ⅱ 시기의 세포는 핵상이 서로 같다.

① ㄴ　　② ㄷ　　③ ㄱ, ㄴ　　④ ㄱ, ㄷ　　⑤ ㄴ, ㄷ

7

사람의 유전 형질 (가)는 서로 다른 3개의 염색체에 있는 3쌍의 대립유전자 E와 e, F와 f, G와 g에 의해 결정된다. 그림은 어떤 사람의 세포 분열 과정에서 핵 1개당 DNA 상대량 변화를, 표는 이 사람의 세포 ㉠~㉣ 각각에 들어 있는 E, e, F, f, G, g의 DNA 상대량을 나타낸 것이다. ㉠~㉣은 구간 Ⅰ~Ⅳ 중 각각 서로 다른 시기에 있는 세포를 순서 없이 나타낸 것이고, ⓐ~ⓒ는 0, 1, 2를 순서 없이 나타낸 것이다.

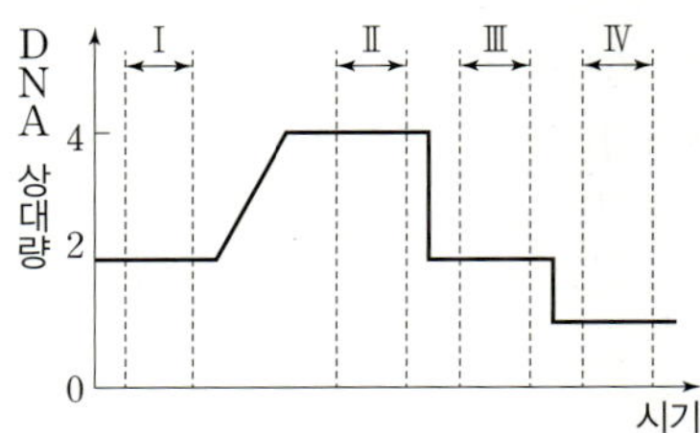

세포	DNA 상대량					
	E	e	F	f	G	g
㉠	?	ⓑ	ⓒ	ⓒ	ⓑ	?
㉡	?	ⓑ	ⓐ	?	ⓐ	?
㉢	0	?	ⓒ	ⓒ	?	ⓐ
㉣	?	?	ⓑ	?	?	ⓑ

이에 대한 설명으로 옳은 것만을 〈보기〉에서 있는 대로 고른 것은? (단, 돌연변이와 교차는 고려하지 않으며, E, e, F, f, G, g 각각의 1개당 DNA 상대량은 1이다. ㉠~㉣ 중 Ⅱ와 Ⅲ에 있는 세포는 각각 중기의 세포이다.) [3점]

┌ 보기 ┐
ㄱ. 구간 Ⅰ에서 ㉡이 관찰된다.

ㄴ. ㉣의 $\dfrac{\text{e의 DNA 상대량}}{\text{F의 DNA 상대량}+\text{G의 DNA 상대량}}=1$이다.

ㄷ. 1개의 G_1기 세포로부터 생식세포가 형성되는 과정에서 ㉠~㉣이 모두 나타난다.

① ㄱ ② ㄷ ③ ㄱ, ㄴ ④ ㄴ, ㄷ ⑤ ㄱ, ㄴ, ㄷ

8

다음은 어떤 가족의 유전 형질 (가)와 ABO식 혈액형 유전에 대한 자료이다.

- (가)는 대립유전자 D와 D^*에 의해 결정되며, D와 D^* 사이의 우열 관계는 분명하다.
- ABO식 혈액형은 1쌍의 대립유전자에 의해 결정되며, 대립유전자에는 I^A, I^B, i가 있고, 1, 3, 5의 혈액형은 AB형이고, 2, 4, 6의 혈액형은 O형이다.
- 가계도는 이 가족 구성원 1~6에게서 (가)의 발현 여부를 나타낸 것이다.

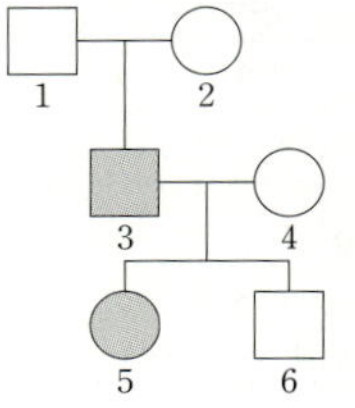

- 그림은 3의 체세포에 들어 있는 9번 상동 염색체 쌍과 유전자를 나타낸 것이며, ⓐ는 D와 D^* 중 하나이다. 정자 형성 과정에서 ㉠중복이 1회 일어나 형성된 정자와 정상 난자가 수정되어 3이 태어났다.

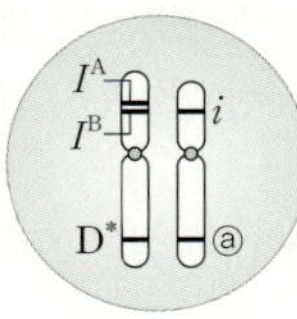

이에 대한 설명으로 옳은 것만을 〈보기〉에서 있는 대로 고른 것은? (단, 제시된 돌연변이 이외의 돌연변이와 교차는 고려하지 않는다.) [3점]

┌ 보기 ┐
ㄱ. ㉠은 염색체 일부가 떨어진 후 상동 염색체가 아닌 다른 염색체에 붙어 일어난 것이다.

ㄴ. ⓐ는 D^*이다.

ㄷ. 6의 동생이 태어날 때, 이 아이의 혈액형이 AB형이면서 (가)가 발현되지 않을 확률은 $\dfrac{1}{4}$이다.

① ㄱ ② ㄴ ③ ㄷ ④ ㄱ, ㄴ ⑤ ㄴ, ㄷ

9 [24917-0059] ○ △ ✕

그림은 생태계를 구성하는 요소 사이의 상호 관계를, 표는 생태계 구성 요소 사이의 상호 관계에 대한 예를 나타낸 것이다.

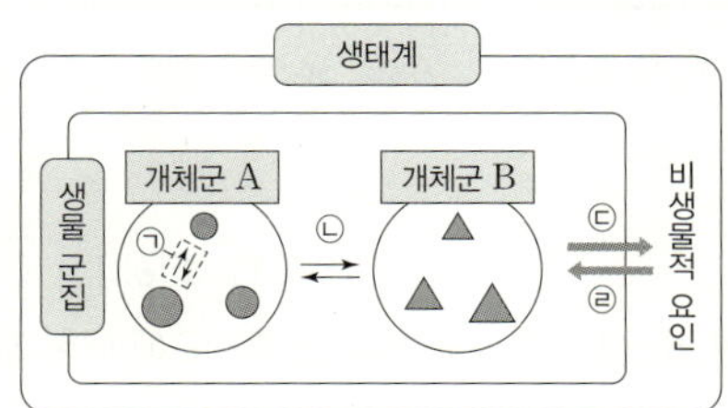

> (가) 지렁이가 토양층에 틈을 만들어 토양의 통기성이 증가한다.
> (나) ⓐ뿌리혹박테리아가 공기 중의 질소를 고정시켜 콩과식물에게 공급한다.

이에 대한 설명으로 옳은 것만을 〈보기〉에서 있는 대로 고른 것은?

> **보기**
> ㄱ. (가)는 ㉢에 해당한다.
> ㄴ. ⓐ는 비생물적 요인에 해당한다.
> ㄷ. 은어의 개체마다 일정한 공간을 점유하는 것은 ㉡에 해당한다.

① ㄱ ② ㄷ ③ ㄱ, ㄴ ④ ㄴ, ㄷ ⑤ ㄱ, ㄴ, ㄷ

10 [24917-0060] ○ △ ✕

그림 (가)는 안정된 생태계에서 1차 소비자의 개체 수가 일시적으로 증가했을 때 이 생태계의 평형이 회복되는 과정에서 각 영양 단계의 에너지양 변화를, (나)의 Ⅰ~Ⅲ은 (가)의 ㉠~㉢을 순서 없이 나타낸 것이다.

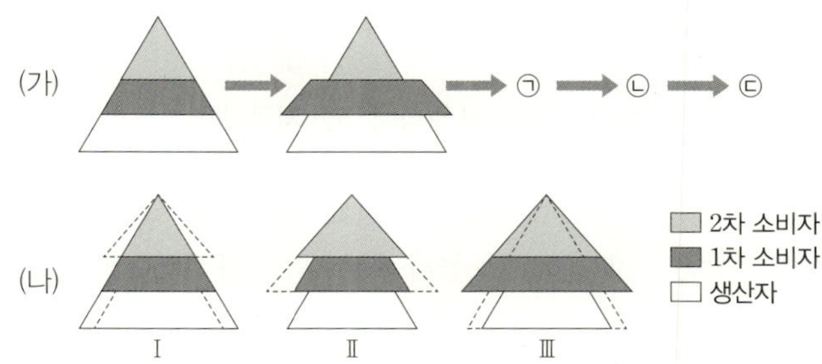

이에 대한 설명으로 옳은 것만을 〈보기〉에서 있는 대로 고른 것은?

> **보기**
> ㄱ. ㉠은 Ⅱ이다.
> ㄴ. 1차 소비자의 피식량 증가는 ㉠이 ㉡으로 되는 원인에 해당한다.
> ㄷ. ㉡이 ㉢으로 되는 과정에서 2차 소비자의 에너지양은 감소한다.

① ㄱ ② ㄷ ③ ㄱ, ㄴ ④ ㄴ, ㄷ ⑤ ㄱ, ㄴ, ㄷ

07 회 미니모의고사

EBS 수능특강 Q 미니모의고사 **생명과학I**

○ 알고 맞힘 /10   △ 헷갈림 /10   ✕ 모르고 틀림 /10

[24917-0061] ○ △ ✕

1 다음은 사람이 갖는 생물의 특성에 대한 자료이다.

> (가) 적록 색맹인 어머니로부터 적록 색맹인 아들이 태어난다.
> (나) 사람은 손이 ㉠ 뜨거운 물체에 닿으면 반사적으로 팔을 들어 올린다.

이에 대한 설명으로 옳은 것만을 〈보기〉에서 있는 대로 고른 것은?

> **보기**
> ㄱ. (가)는 유전의 예에 해당한다.
> ㄴ. ㉠은 자극에 해당한다.
> ㄷ. (나)의 반응 중추는 대뇌이다.

① ㄱ ② ㄷ ③ ㄱ, ㄴ ④ ㄴ, ㄷ ⑤ ㄱ, ㄴ, ㄷ

[24917-0062] ○ △ ✕

2 그림은 사람 몸에 있는 각 기관계의 통합적 작용을, 표는 기관 I~Ⅲ의 특징을 나타낸 것이다. A~C는 배설계, 순환계, 호흡계를 순서 없이 나타낸 것이고, I~Ⅲ은 심장, 콩팥, 기관지를 순서 없이 나타낸 것이다.

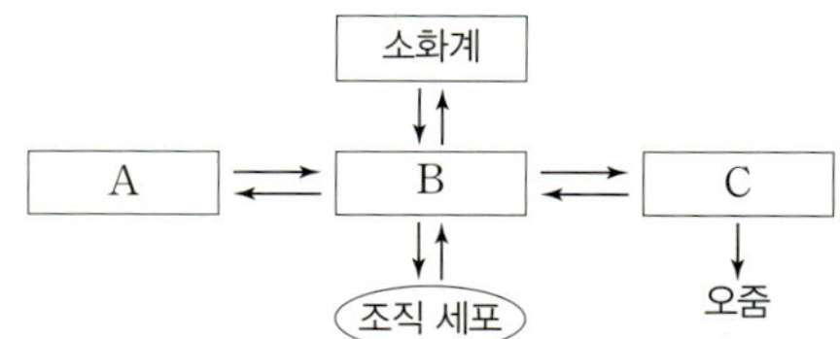

기관	특징
I	ADH에 의해 물의 재흡수가 일어나는 기관이다.
Ⅱ	ⓐ
Ⅲ	호흡계에 속한다.

이에 대한 설명으로 옳은 것만을 〈보기〉에서 있는 대로 고른 것은?

> **보기**
> ㄱ. I은 B에 속한다.
> ㄴ. A를 통해 이산화 탄소가 몸 밖으로 배출된다.
> ㄷ. '교감 신경이 연결되어 있다.'는 ⓐ에 해당한다.

① ㄱ ② ㄷ ③ ㄱ, ㄴ ④ ㄴ, ㄷ ⑤ ㄱ, ㄴ, ㄷ

[24917-0063] ○ △ ✕

3 다음은 민말이집 신경 A와 B의 흥분 전도에 대한 자료이다.

> • 그림은 A와 B의 지점 d_1로부터 네 지점 $d_2 \sim d_5$까지의 거리를, 표는 ㉠ A와 B의 d_1에 역치 이상의 자극을 동시에 1회 주고 경과된 시간이 t_1일 때 $d_1 \sim d_5$에서 측정한 막전위를 나타낸 것이다. X와 Y는 각각 A와 B 중 하나이고, I~V는 $d_1 \sim d_5$를 순서 없이 나타낸 것이다.

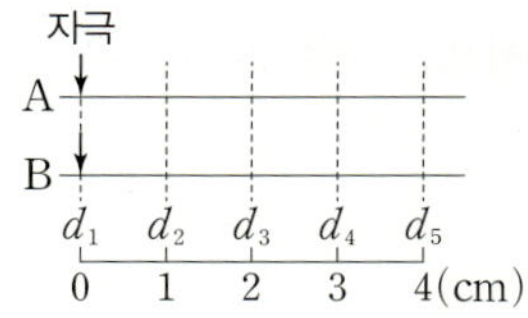

신경	t_1일 때 측정한 막전위(mV)				
	I	Ⅱ	Ⅲ	Ⅳ	V
X	−80	−70	?	+30	−60
Y	?	?	+30	−80	?

> • 흥분 전도 속도는 A에서가 B에서보다 빠르다.
> • A와 B 각각에서 활동 전위가 발생하였을 때, 각 지점에서의 막전위 변화는 그림과 같다.

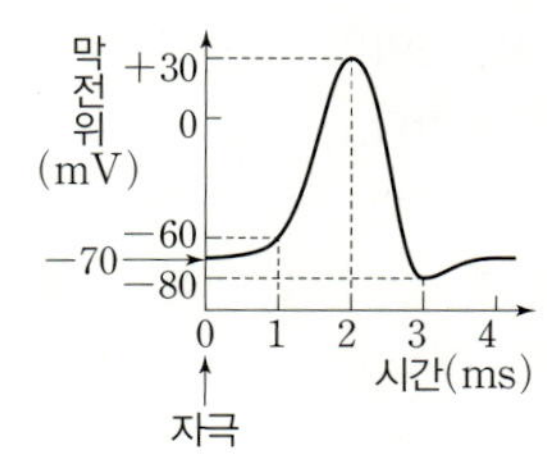

이에 대한 설명으로 옳은 것만을 〈보기〉에서 있는 대로 고른 것은? (단, A와 B에서 흥분의 전도는 각각 1회 일어났고, 휴지 전위는 −70 mV이다.) [3점]

> **보기**
> ㄱ. I은 d_3이다.
> ㄴ. B의 흥분 전도 속도는 1 cm/ms이다.
> ㄷ. ㉠이 5 ms일 때 B의 Ⅲ에서 탈분극이 일어나고 있다.

① ㄱ ② ㄴ ③ ㄷ ④ ㄱ, ㄴ ⑤ ㄴ, ㄷ

---

4 [24917-0064] ○ △ ✕

그림 (가)는 중추 신경계에 속한 **A**와 **B**로부터 위에 연결된 말초 신경을, (나)는 ㉠과 ㉡ 중 하나에 역치 이상의 자극을 주었을 때 위 내부의 **pH** 변화를 나타낸 것이다. **A**와 **B**는 각각 연수와 척수 중 하나이다.

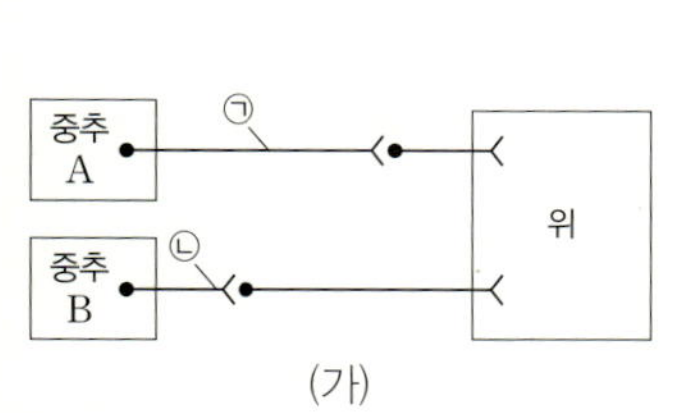

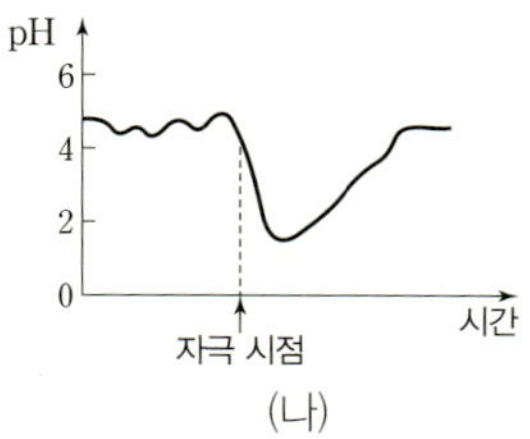

이에 대한 설명으로 옳은 것만을 〈보기〉에서 있는 대로 고른 것은?

┌ 보기 ┐
ㄱ. **A**는 척수이다.
ㄴ. (나)에서 자극을 준 뉴런은 ㉠이다.
ㄷ. ㉡에 역치 이상의 자극을 주면 위의 소화 작용이 억제된다.
└──────┘

① ㄱ   ② ㄴ   ③ ㄱ, ㄷ   ④ ㄴ, ㄷ   ⑤ ㄱ, ㄴ, ㄷ

5 [24917-0065] ○ △ ✕

다음은 사람의 질병 (가)~(다)의 특징을 나타낸 것이다. (가)~(다)는 감기, 무좀, 말라리아를 순서 없이 나타낸 것이다.

• (가)와 (다)의 병원체는 모두 세포로 되어 있다.
• (나)와 (다)는 모두 해당 질병에 걸린 사람과의 접촉을 통해 감염될 수 있다.

이에 대한 설명으로 옳은 것만을 〈보기〉에서 있는 대로 고른 것은?

┌ 보기 ┐
ㄱ. (가)는 매개 곤충에 의해 감염된다.
ㄴ. (나)의 병원체는 숙주 세포가 없어도 스스로 증식할 수 있다.
ㄷ. (다)를 일으키는 병원체는 곰팡이이다.
└──────┘

① ㄱ   ② ㄴ   ③ ㄷ   ④ ㄱ, ㄷ   ⑤ ㄴ, ㄷ

6 [24917-0066] ○ △ ✕

사람의 유전 형질 ㉮는 서로 다른 상염색체에 있는 2쌍의 대립유전자 **H**와 **h**, **R**와 **r**에 의해 결정된다. 표는 어떤 사람의 세포 (가)와 (나)에서 대립유전자 **H**, ㉠, ㉡, ㉢ 중 2개의 DNA 상대량을 더한 값을 나타낸 것이다. (가)와 (나)는 G_1기의 세포와 생식세포를 순서 없이 나타낸 것이고, ㉠~㉢은 **h, R, r**를 순서 없이 나타낸 것이다.

세포	DNA 상대량		
	H+㉠	㉡+㉢	H+㉡
(가)	1	ⓐ	ⓑ
(나)	ⓒ	3	1

이에 대한 설명으로 옳은 것만을 〈보기〉에서 있는 대로 고른 것은? (단, 돌연변이와 교차는 고려하지 않으며, **H, h, R, r** 각각의 1개당 DNA 상대량은 1이다.) [3점]

┌ 보기 ┐
ㄱ. **H**는 ㉠과 대립유전자이다.
ㄴ. 이 사람의 ㉮의 유전자형은 **HhRr**이다.
ㄷ. ⓐ+ⓑ+ⓒ=2이다.
└──────┘

① ㄱ   ② ㄴ   ③ ㄷ   ④ ㄱ, ㄴ   ⑤ ㄴ, ㄷ

7 다음은 어떤 집안의 유전 형질 ㉠과 ㉡에 대한 자료이다. [24917-0067] ○ △ ✕

- ㉠은 대립유전자 A와 A*에 의해, ㉡은 대립유전자 B와 B*에 의해 결정되며, 각 대립유전자 사이의 우열 관계는 분명하다.
- 가계도는 구성원 1~7에게서 ㉠과 ㉡의 발현 여부를, 표는 1, 2, 5, 6, 7의 체세포 1개당 A*와 B*의 DNA 상대량을 나타낸 것이다.

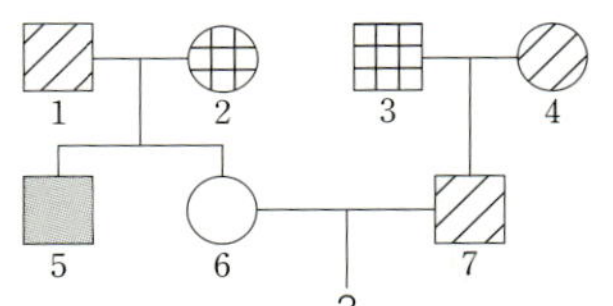

구성원		1	2	5	6	7
DNA 상대량	A*	1	0	?	ⓑ	ⓒ
	B*	0	2	ⓐ	?	?

- 3과 4는 각각 A와 A* 중 한 가지 대립유전자만 갖고, 3과 4가 가지고 있는 B*의 DNA 상대량은 각각 1이다.

이에 대한 설명으로 옳은 것만을 〈보기〉에서 있는 대로 고른 것은? (단, 돌연변이는 고려하지 않으며, A, A*, B, B* 각각의 1개당 DNA 상대량은 1이다.) [3점]

┌ 보기 ┐
ㄱ. ㉠은 우성 형질이다.
ㄴ. ⓐ+ⓑ+ⓒ=3이다.
ㄷ. 6과 7 사이에서 아이가 태어날 때, 이 아이에게서 ㉠과 ㉡ 중 ㉠만 발현될 확률은 $\frac{3}{8}$이다.

① ㄱ ② ㄴ ③ ㄱ, ㄷ ④ ㄴ, ㄷ ⑤ ㄱ, ㄴ, ㄷ

---

8 다음은 어떤 가족의 유전 형질 (가)와 (나)에 대한 자료이다. [24917-0068] ○ △ ✕

- (가)는 대립유전자 R와 r에 의해 결정되며, R는 r에 대해 완전 우성이다.
- (나)는 대립유전자 D, E, F에 의해 결정되며, 유전자형에 따른 표현형은 표와 같다. Ⅰ, Ⅱ, Ⅲ, Ⅳ는 각각 서로 다르다.

유전자형	DD, DF	EE, EF	DE	FF
표현형	Ⅰ	Ⅱ	Ⅲ	Ⅳ

- (가)의 유전자와 (나)의 유전자는 모두 9번 염색체에 있다.
- 표는 구성원의 성별, (가)의 발현 여부, (나)의 표현형을 나타낸 것이다. ㉠, ㉡, ㉢은 Ⅰ~Ⅳ 중 서로 다른 하나이다.

구성원	성별	(가)의 발현 여부	(나)의 표현형
아버지	남	✕	㉠
어머니	여	✕	㉡
자녀 1	남	✕	㉠
자녀 2	여	○	㉢
자녀 3	여	✕	㉢

(○: 발현됨, ✕: 발현 안 됨)

- 아버지의 (나)의 유전자형은 이형 접합성이고, 자녀 1의 (가)의 유전자형은 동형 접합성이다.
- 자녀 2와 (나)의 표현형이 Ⅳ인 남자 사이에서 (나)의 표현형이 Ⅰ인 아이가 태어났다.
- 어머니의 생식세포 형성 과정에서 대립유전자 ⓐ가 대립유전자 ⓑ로 바뀌는 돌연변이가 1회 일어나 ⓑ를 갖는 생식세포가 형성되었다. 이 생식세포가 정상 생식세포와 수정되어 자녀 3이 태어났다. ⓐ와 ⓑ는 R와 r를 순서 없이 나타낸 것이다.

이에 대한 설명으로 옳은 것만을 〈보기〉에서 있는 대로 고른 것은? (단, 제시된 돌연변이 이외의 돌연변이와 교차는 고려하지 않는다.) [3점]

┌ 보기 ┐
ㄱ. ⓐ는 R이다.
ㄴ. 자녀 1의 (나)의 유전자형은 동형 접합성이다.
ㄷ. 자녀 3의 동생이 태어날 때, 이 아이의 (가)와 (나)의 표현형이 자녀 1과 같을 확률은 $\frac{1}{2}$이다.

① ㄱ ② ㄴ ③ ㄱ, ㄷ ④ ㄴ, ㄷ ⑤ ㄱ, ㄴ, ㄷ

[24917-0069] ○ △ ✕

9 그림 (가)는 어떤 지역에서 일어난 식물 군집의 천이 과정을, (나)는 이 지역에서 관찰된 시간에 따른 ㉠과 ㉡의 생물량을 나타낸 것이다. A~C는 각각 관목림, 양수림, 음수림 중 하나이며, ㉠과 ㉡은 양수림의 우점종과 음수림의 우점종을 순서 없이 나타낸 것이다.

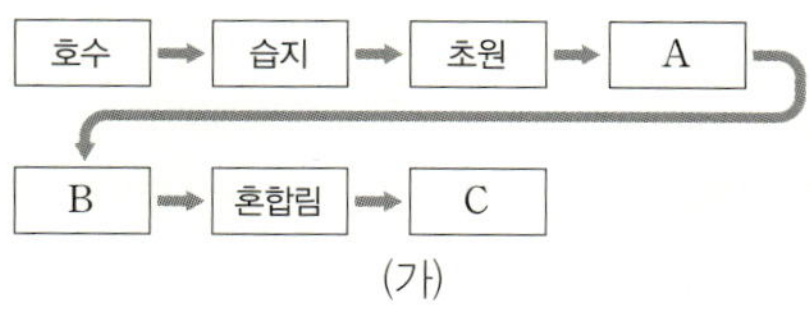

(가)

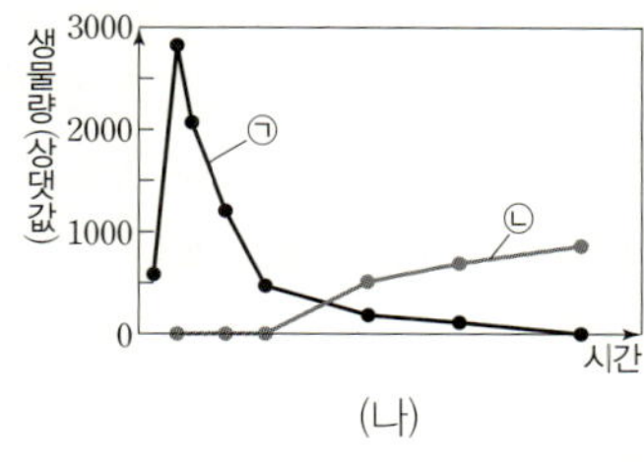

(나)

이에 대한 설명으로 옳은 것만을 〈보기〉에서 있는 대로 고른 것은? (단, 제시된 자료 이외는 고려하지 않는다.)

┌ 보기 ┐
ㄱ. 이 지역에서 일어난 천이는 건성 천이이다.
ㄴ. ㉠은 C의 우점종이다.
ㄷ. 우점종의 평균 키는 B에서가 A에서보다 크다.

① ㄱ ② ㄴ ③ ㄷ ④ ㄱ, ㄴ ⑤ ㄱ, ㄷ

[24917-0070] ○ △ ✕

10 그림 (가)는 어떤 생태계의 식물 군집에서 물질의 생산과 소비에 따른 유기물량을, (나)는 이 식물 군집의 시간에 따른 유기물량을 나타낸 것이다. A~C는 생장량, 호흡량, 순생산량을 순서 없이 나타낸 것이며, ㉠과 ㉡은 각각 생장량과 순생산량 중 하나이다.

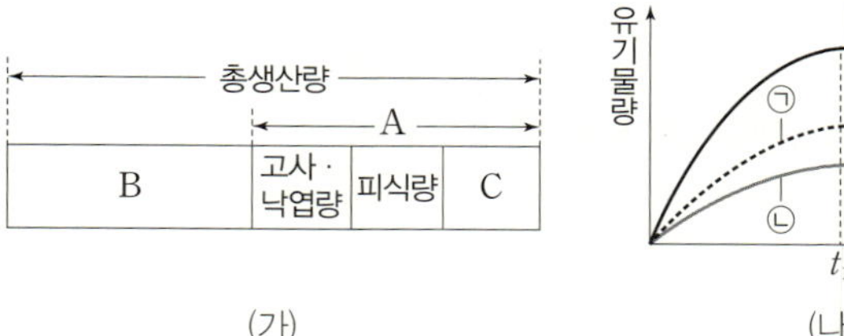

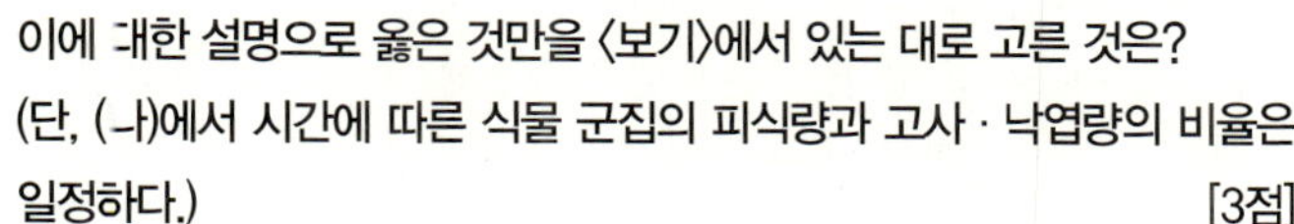

(가)　　　　(나)

이에 대한 설명으로 옳은 것만을 〈보기〉에서 있는 대로 고른 것은?
(단, (나)에서 시간에 따른 식물 군집의 피식량과 고사·낙엽량의 비율은 일정하다.) **[3점]**

┌ 보기 ┐
ㄱ. ㉠은 A에 해당한다.
ㄴ. 초식 동물의 호흡량은 B에 포함된다.
ㄷ. 이 군집에서 고사·낙엽량은 t_2일 때가 t_1일 때보다 크다.

① ㄱ ② ㄴ ③ ㄱ, ㄷ ④ ㄴ, ㄷ ⑤ ㄱ, ㄴ, ㄷ

08 회 미니모의고사

EBS 수능특강 **Q** 미니모의고사 **생명과학I**

○ 알고 맞힘 /10   △ 헷갈림   /10   ✕ 모르고 틀림   /10

[24917-0071] ○ △ ✕

1 다음은 어떤 바이러스 X에 대한 설명이다.

> ㉠X는 유전자 변이에 의해 나타난 신종 바이러스로 유행성 질병을 유발한다. 빠른 전파와 함께 심각한 호흡기 증후군의 증상을 나타내는 환자 수가 늘어나면서 전 세계적으로 큰 사회적 문제를 야기하고 있다. X는 바깥쪽 표면에 ⓐ 가(이) 존재하고, ㉡증식하고 난 후 감염된 세포 밖으로 분출된다.

이에 대한 설명으로 옳은 것만을 〈보기〉에서 있는 대로 고른 것은?

> 보기
> ㄱ. '살충제를 살포하면 살충제 저항성 모기가 증가한다.'는 ㉠에 나타난 생물의 특성의 예에 해당한다.
> ㄴ. 핵산은 ⓐ에 해당한다.
> ㄷ. X는 숙주 세포 내에서만 ㉡의 특성을 나타낸다.

① ㄱ ② ㄴ ③ ㄱ, ㄷ ④ ㄴ, ㄷ ⑤ ㄱ, ㄴ, ㄷ

[24917-0072] ○ △ ✕

2 표는 사람의 질환 A~C의 특징을 나타낸 것이다. A~C는 고혈압, 당뇨병, 고지혈증(고지질 혈증)을 순서 없이 나타낸 것이고, ㉠과 ㉡은 포도당과 콜레스테롤을 순서 없이 나타낸 것이다.

질환	특징
A	혈액에 ㉠과 중성 지방 등이 정상보다 많은 상태이다.
B	혈압이 만성적으로 높은 질환이다.
C	인슐린의 분비 부족이나 작용 이상으로 오줌에서 ㉡이 검출된다.

이에 대한 설명으로 옳은 것만을 〈보기〉에서 있는 대로 고른 것은?

> 보기
> ㄱ. ㉠은 포도당이다.
> ㄴ. B는 고혈압이다.
> ㄷ. A~C는 모두 대사성 질환에 속한다.

① ㄱ ② ㄴ ③ ㄱ, ㄴ ④ ㄱ, ㄷ ⑤ ㄴ, ㄷ

[24917-0073] ○ △ ✕

3 그림 (가)는 민말이집 신경 A와 B에서 지점 $d_1 \sim d_5$의 위치를, (나)는 A와 B 각각에서 활동 전위가 발생하였을 때 각 지점에서의 막전위 변화를, 표는 각 신경의 ㉠ d_1에 역치 이상의 자극을 동시에 1회 주고 경과된 시간이 4 ms일 때 $\text{I} \sim \text{V}$에서 측정한 막전위를 나타낸 것이다. $\text{I} \sim \text{V}$는 $d_1 \sim d_5$를 순서 없이 나타낸 것이다. A와 B의 흥분 전도 속도는 각각 2 cm/ms와 4 cm/ms 중 하나이다.

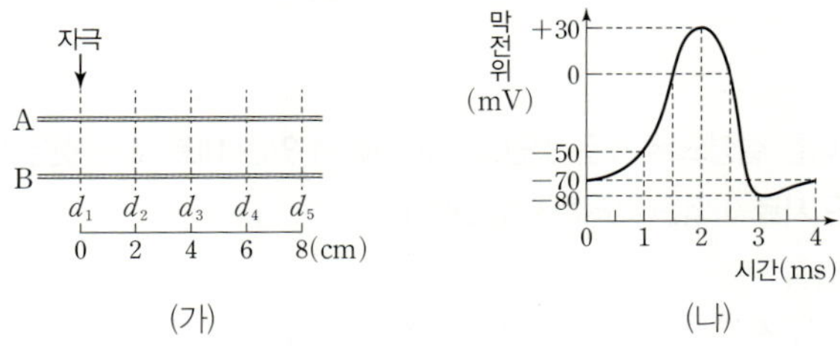

신경	4 ms일 때 측정한 막전위(mV)				
	I	II	III	IV	V
A	0	?	ⓐ	−70	−80
B	?	−80	−70	?	ⓑ

이에 대한 설명으로 옳은 것만을 〈보기〉에서 있는 대로 고른 것은? (단, A와 B에서 흥분의 전도는 각각 1회 일어났으며, 휴지 전위는 −70 mV이다.) [3점]

> 보기
> ㄱ. I은 d_3이다.
> ㄴ. ⓐ와 ⓑ의 막전위는 같다.
> ㄷ. ㉠이 5 ms일 때 B의 III에서 세포 안으로의 Na^+ 유입이 일어나고 있다.

① ㄱ ② ㄷ ③ ㄱ, ㄴ ④ ㄴ, ㄷ ⑤ ㄱ, ㄴ, ㄷ

---

4 [24917-0074] ○ △ ✕

그림은 정상인에게 ㉠ 자극과 ㉡ 자극을 주었을 때 피부 근처 혈관을 흐르는 단위 시간당 혈액량의 변화를 나타낸 것이다. ㉠과 ㉡은 고온과 저온을 순서 없이 나타낸 것이다.

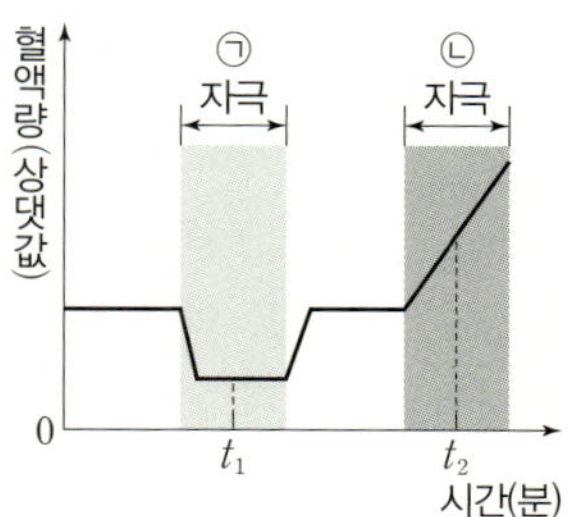

이에 대한 설명으로 옳은 것만을 〈보기〉에서 있는 대로 고른 것은?

보기
ㄱ. ㉠은 고온이다.
ㄴ. 열 발산량은 t_2일 때가 t_1일 때보다 많다.
ㄷ. 체온 조절 중추가 ㉡ 자극을 감지하면 골격근에서의 열 발생량이 증가한다.

① ㄴ ② ㄷ ③ ㄱ, ㄴ ④ ㄱ, ㄷ ⑤ ㄱ, ㄴ, ㄷ

5 [24917-0075] ○ △ ✕

그림은 면적이 동일한 서로 다른 생태계 A와 B에서 각 영양 단계의 에너지양을 상댓값으로 나타낸 생태 피라미드를, 표는 A의 식물 군집 ㉠과 B의 식물 군집 ㉡에서 총생산량에 대한 고사량, 낙엽량, 생장량, 피식량의 백분율을 나타낸 것이다. ㉠의 총생산량은 ㉡의 총생산량의 2배이다.

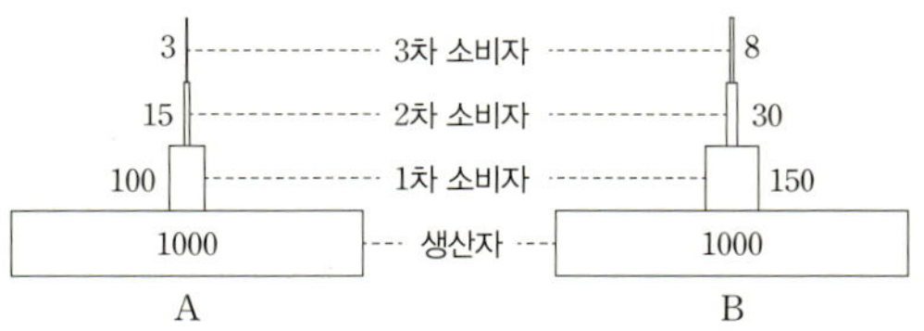

(단위: %)

구분	㉠	㉡
고사량, 낙엽량	15.1	5.0
생장량	8.0	6.0
피식량	10	15

이에 대한 설명으로 옳은 것만을 〈보기〉에서 있는 대로 고른 것은?

보기
ㄱ. 호흡량은 ㉡에서가 ㉠에서보다 크다.
ㄴ. A에서 ㉠의 피식량에는 2차 소비자의 생장량이 포함된다.
ㄷ. 에너지 효율은 A의 2차 소비자와 B의 1차 소비자가 같다.

① ㄱ ② ㄷ ③ ㄱ, ㄴ ④ ㄴ, ㄷ ⑤ ㄱ, ㄴ, ㄷ

6 [24917-0076] ○ △ ✕

사람의 유전 형질 (가)는 대립유전자 A와 a에 의해, (나)는 대립유전자 B와 b에 의해 결정된다. 그림은 어떤 남자와 여자의 세포 I∼IV가 갖는 유전자 ㉠∼㉣의 DNA상대량을 나타낸 것이다. I∼IV 중 3개는 남자의 세포이고, 나머지 1개는 여자의 세포이다. ㉠∼㉣은 A, a, B, b를 순서 없이 나타낸 것이다.

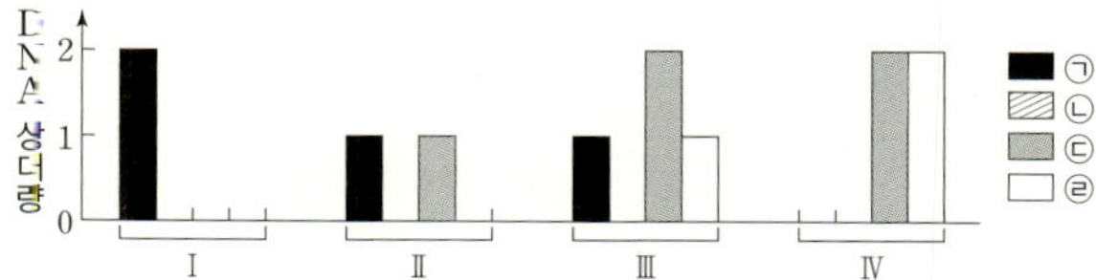

이에 대한 설명으로 옳은 것만을 〈보기〉에서 있는 대로 고른 것은? (단, 돌연변이와 교차는 고려하지 않으며, A, a, B, b 각각의 1개당 DNA 상대량은 1이다.) [3점]

보기
ㄱ. III은 여자의 세포이다.
ㄴ. ㉡은 ㉣과 대립유전자이다.
ㄷ. IV에서 ㉣은 상염색체에 있다.

① ㄱ ② ㄴ ③ ㄱ, ㄷ ④ ㄴ, ㄷ ⑤ ㄱ, ㄴ, ㄷ

7 [24917-0077] ○ △ ✕

다음은 사람의 유전 형질 ㉠과 ㉡에 대한 자료이다.

- ㉠을 결정하는 3쌍의 대립유전자와 ㉡을 결정하는 1쌍의 대립유전자는 서로 다른 4개의 상염색체에 있다.
- ㉠과 ㉡의 표현형은 각각 유전자형에서 대문자로 표시되는 대립유전자의 수에 의해서만 결정되며, 이 대립유전자의 수가 다르면 표현형이 다르다.
- 표는 ㉠과 ㉡을 결정하는 대립유전자 종류와 수, 표현형의 최대 가짓수를 나타낸 것이다.

유전 형질	대립유전자 종류	대립유전자 수	표현형의 최대 가짓수
㉠	A, a, B, b, D, d	3쌍	ⓐ가지
㉡	E, e	1쌍	ⓑ가지

이에 대한 설명으로 옳은 것만을 〈보기〉에서 있는 대로 고른 것은? (단, 돌연변이는 고려하지 않는다.) [3점]

보기
ㄱ. ㉠과 ㉡의 유전은 모두 다인자 유전이다.
ㄴ. ⓐ+ⓑ=10이다.
ㄷ. ㉠과 ㉡의 유전자형이 AaBbDdEe인 부모 사이에서 아이가 태어날 때, 이 아이의 ㉠과 ㉡의 표현형이 모두 부모와 같을 확률은 $\dfrac{5}{32}$이다.

① ㄱ ② ㄴ ③ ㄱ, ㄷ ④ ㄴ, ㄷ ⑤ ㄱ, ㄴ, ㄷ

[24917-0078] ○ △ ✕

8 표는 면적이 서로 다른 지역 Ⅰ과 Ⅱ에 방형구를 설치하여 식물 종 A~D의 분포를 조사한 자료를 바탕으로 각 식물 종의 상대 밀도, 상대 빈도, 상대 피도, 총 개체 수를 구한 결과를 나타낸 것이다. Ⅰ의 면적은 Ⅱ의 면적의 2배이고, 각 종이 출현한 방형구 수의 합은 Ⅱ에서가 Ⅰ에서의 3배이다.

지역	종	상대 밀도(%)	상대 빈도(%)	상대 피도(%)	총 개체 수
Ⅰ	A	?	23	13	120
	B	30	20	?	
	C	5	?	25	
	D	40	21	37	
Ⅱ	A	?	27	34	100
	B	30	13	29	
	C	25	?	24	
	D	15	24	?	

이에 대한 설명으로 옳은 것만을 〈보기〉에서 있는 대로 고른 것은? (단, A~D 이외의 종은 고려하지 않는다.) [3점]

보기
ㄱ. 개체군 밀도는 Ⅰ의 A가 Ⅱ의 B보다 크다.
ㄴ. Ⅰ과 Ⅱ에서 중요치(중요도)가 가장 큰 종은 모두 D이다.
ㄷ. $\dfrac{\text{Ⅰ에서 C가 출현한 방형구 수}}{\text{Ⅱ에서 D가 출현한 방형구 수}}$ 는 $\dfrac{1}{2}$ 이다.

① ㄱ ② ㄴ ③ ㄷ ④ ㄱ, ㄷ ⑤ ㄴ, ㄷ

[24917-0079] ○ △ ✕

9 표 (가)는 질병의 특징 3가지를, (나)는 (가)의 특징 중 질병 A~C가 갖는 특징의 개수를 나타낸 것이다. A~C는 당뇨병, 홍역, 결핵을 순서 없이 나타낸 것이다. ⓐ는 ⓑ보다 큰 수이다.

특징
• 감염성 질병이다.
• 병원체가 유전 물질을 가지고 있다.
• 치료에 항생제가 사용된다.

(가)

질병	특징의 개수
A	3
B	ⓐ
C	ⓑ

(나)

이에 대한 설명으로 옳은 것만을 〈보기〉에서 있는 대로 고른 것은?

보기
ㄱ. ⓐ+ⓑ=2이다.
ㄴ. A는 결핵이다.
ㄷ. C는 다른 사람에게 전염된다.

① ㄱ ② ㄷ ③ ㄱ, ㄴ ④ ㄴ, ㄷ ⑤ ㄱ, ㄴ, ㄷ

[24917-0080] ○ △ ✕

10 다음은 사람의 유전 형질 (가)와 (나)에 대한 자료이다.

- (가)는 대립유전자 A와 a에 의해, (나)는 대립유전자 B와 b에 의해 결정된다.
- (가)와 (나)의 유전자 중 하나는 21번 염색체에, 나머지 하나는 X 염색체에 있다.
- 그림은 이 사람의 G_1기 세포 Ⅰ로부터 정자가 형성되는 과정을, 표는 세포 ㉠~㉣에서 X 염색체 수와 A, a, B, b의 DNA 상대량을 나타낸 것이다. ㉠~㉣은 Ⅰ~Ⅳ를 순서 없이 나타낸 것이다. 과정 ㉮에서 대립유전자 ⓧ가 모두 대립유전자 ⓨ로 바뀌는 돌연변이가 일어났고, 과정 ㉯에서 염색체 비분리가 1회 일어났다. ⓧ와 ⓨ는 각각 A, a, B, b 중 하나이며, Ⅱ와 Ⅲ은 중기의 세포이다.

구분	X 염색체 수	DNA 상대량			
		A	a	B	b
㉠	1	1	ⓐ	1	0
㉡	?	0	2	0	?
㉢	?	1	?	0	2
㉣	1	2	?	2	0

이에 대한 설명으로 옳은 것만을 〈보기〉에서 있는 대로 고른 것은? (단, 제시된 돌연변이 이외의 돌연변이는 고려하지 않으며, A, a, B, b 각각의 1개당 DNA 상대량은 1이다.) [3점]

보기
ㄱ. ⓐ는 1이다.
ㄴ. ㉢은 Ⅳ이다.
ㄷ. Ⅳ와 정상 난자의 수정으로 태어나는 아이는 다운 증후군의 염색체 이상을 보인다.

① ㄱ ② ㄷ ③ ㄱ, ㄴ ④ ㄱ, ㄷ ⑤ ㄱ, ㄴ, ㄷ

09회 미니모의고사

EBS 수능특강 **Q** 미니모의고사 **생명과학Ⅰ**

○ 알고 맞힘 ____ /10   △ 헷갈림 ____ /10   ✕ 모르고 틀림 ____ /10

[24917-0081] ○ △ ✕

1 다음은 파스퇴르가 수행한 탐구 과정 중 일부이다.

> (가) 건강한 48마리의 양 중 ㉠24마리에는 탄저병 백신을 접
> 종하고, 나머지 24마리에는 탄저병 백신을 접종하지 않았
> 다.
> (나) 일정 시간 후 (가)의 48마리 양 모두에 독성이 강한 탄저
> 균을 주입하였다. 이틀 후, 탄저병 백신을 접종하지 않은
> 양 중 20마리는 죽고 나머지 4마리도 건강이 좋지 않은
> 상태였으나 탄저병 백신을 접종한 양은 모두 건강하였다.

이에 대한 설명으로 옳은 것만을 〈보기〉에서 있는 대로 고른 것은?

> [보기]
> ㄱ. 연역적 탐구 방법이 이용되었다.
> ㄴ. ㉠은 대조군이다.
> ㄷ. '탄저병 백신은 탄저병 예방 효과가 있을 것이다.'는 이 실
> 험의 가설에 해당한다.

① ㄱ   ② ㄴ   ③ ㄱ, ㄴ   ④ ㄱ, ㄷ   ⑤ ㄴ, ㄷ

[24917-0082] ○ △ ✕

2 그림은 사람에서 일어나는 물질대사 과정의 일부를 나타낸 것이고,
표는 Ⅰ~Ⅳ의 특징을 나타낸 것이다. Ⅰ~Ⅳ는 물, 산소, 포도당, 이산화
탄소를 순서 없이 나타낸 것이고, ㉠과 ㉡은 각각 ATP와 ADP 중 하
나이다.

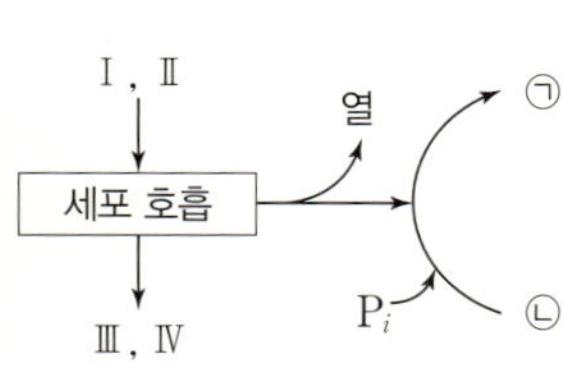

> • Ⅰ은 호흡계를 통해, Ⅱ는 소
> 화계를 통해 체내로 흡수된다.
> • Ⅲ은 호흡계와 배설계를 통해,
> Ⅳ는 호흡계를 통해 몸 밖으로
> 배출된다.

이에 대한 설명으로 옳은 것만을 〈보기〉에서 있는 대로 고른 것은?

> [보기]
> ㄱ. Ⅱ는 세포 호흡의 에너지원이다.
> ㄴ. Ⅲ은 물이다.
> ㄷ. 근육 수축 과정에는 ㉠에 저장된 에너지가 사용된다.

① ㄱ   ② ㄴ   ③ ㄱ, ㄴ   ④ ㄴ, ㄷ   ⑤ ㄱ, ㄴ, ㄷ

[24917-0083] ○ △ ✕

3 그림 (가)는 시냅스로 연결된 두 개의 뉴런에서 지점 d_1~d_3을,
(나)는 (가)의 특정 지점에 역치 이상의 자극을 1회 주었을 때 d_2에서의
시간에 따른 막전위와 이온 ㉠의 막 투과도를 나타낸 것이다. ㉠은 Na^+
과 K^- 중 하나이다.

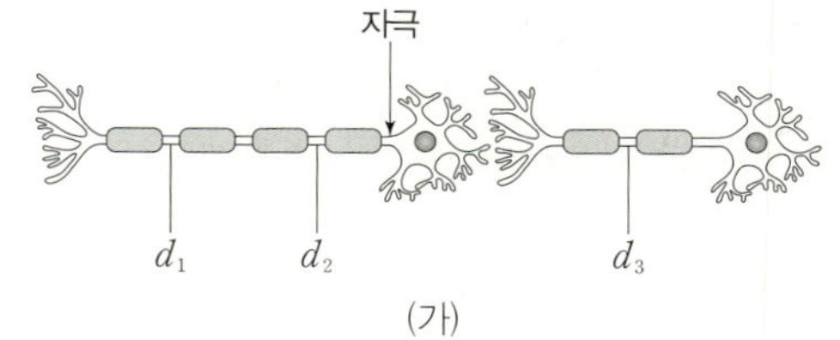

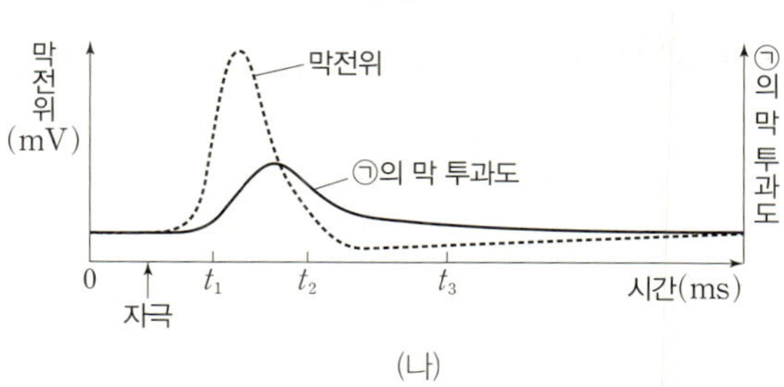

이에 대한 설명으로 옳은 것만을 〈보기〉에서 있는 대로 고른 것은? (단,
(가)에서 흥분의 전도는 1회 일어났고, 제시된 조건 이외는 고려하지 않
는다.)   [3점]

> [보기]
> ㄱ. Na^+의 유입량은 t_1일 때가 t_2일 때보다 많다.
> ㄴ. t_2일 때 d_1에서 ㉠의 농도는 뉴런 안에서가 뉴런 밖에서보
> 다 높다.
> ㄷ. t_3일 때 d_3은 휴지 전위 상태이다.

① ㄱ   ② ㄴ   ③ ㄱ, ㄷ   ④ ㄴ, ㄷ   ⑤ ㄱ, ㄴ, ㄷ

[24917-0084] ○ △ ✕

4 그림 (가)는 정상인에서 체온 조절 과정의 일부를, (나)는 이 사람에서 혈당량 조절 과정의 일부를 나타낸 것이다. ㉮와 ㉯는 이자와 부신 속질을 순서 없이 나타낸 것이고, A~D는 모두 신경에 의한 조절 경로이다.

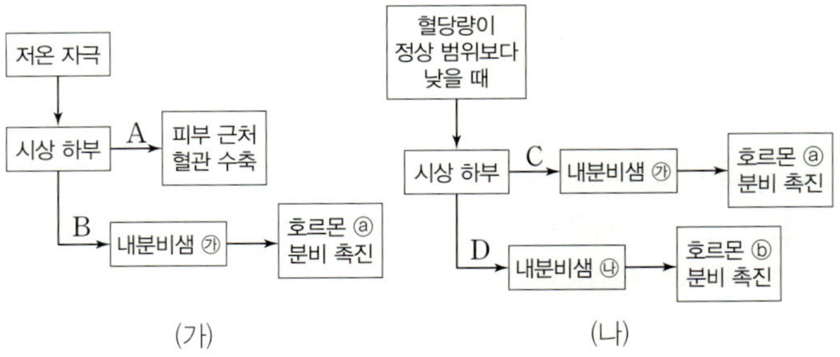

이에 대한 설명으로 옳은 것만을 〈보기〉에서 있는 대로 고른 것은? [3점]

> **보기**
> ㄱ. A~D는 모두 교감 신경에 의한 조절 경로이다.
> ㄴ. ㉮는 이자이다.
> ㄷ. ⓑ는 글루카곤이다.

① ㄴ ② ㄷ ③ ㄱ, ㄴ ④ ㄱ, ㄷ ⑤ ㄱ, ㄴ, ㄷ

[24917-0085] ○ △ ✕

5 그림은 가시에 찔려 손상된 피부를 통해 병원체가 침입했을 때 염증 반응이 일어나는 과정을 나타낸 것이다. ㉠은 적혈구와 백혈구 중 하나이다.

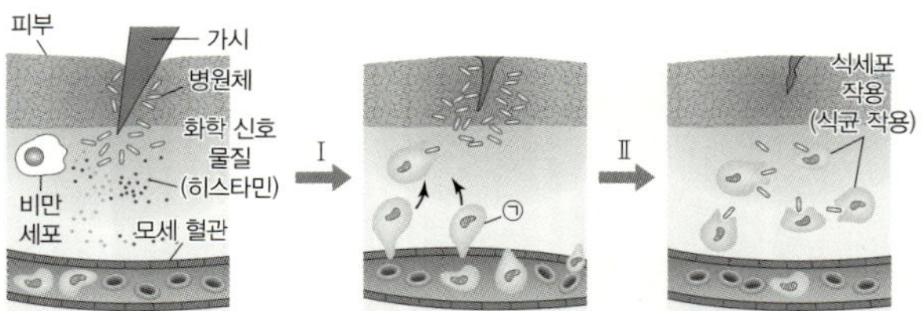

이에 대한 설명으로 옳은 것만을 〈보기〉에서 있는 대로 고른 것은?

> **보기**
> ㄱ. ㉠은 백혈구이다.
> ㄴ. 과정 Ⅰ에서 모세 혈관이 확장된다.
> ㄷ. 과정 Ⅱ에서 비특이적 방어 작용이 일어난다.

① ㄱ ② ㄷ ③ ㄱ, ㄴ ④ ㄴ, ㄷ ⑤ ㄱ, ㄴ, ㄷ

[24917-0086] ○ △ ✕

6 사람의 유전 형질 ㉮는 2쌍의 대립유전자 A와 a, B와 b에 의해, ㉯는 D와 d에 의해 결정되고, ㉮의 유전자와 ㉯의 유전자는 서로 다른 2개의 상염색체에 있다. 그림 (가)는 어떤 사람의 ㉮와 ㉯의 유전자 구성이 서로 다른 생식세포 ㉠~㉣의 세포 1개당 A, b, d의 DNA 상대량을 더한 값(A+b+d)을, (나)는 ㉢에 있는 염색체의 일부를 나타낸 것이다.

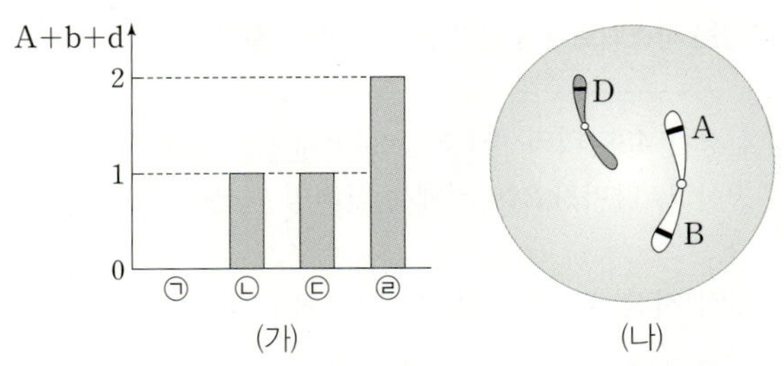

이에 대한 설명으로 옳은 것만을 〈보기〉에서 있는 대로 고른 것은? (단, 돌연변이와 교차는 고려하지 않으며, A, a, B, b, D, d 각각의 1개당 DNA 상대량은 1이다.)

> **보기**
> ㄱ. ㉣에서 a, b, d의 DNA 상대량을 더한 값은 1이다.
> ㄴ. 이 사람의 체세포에서 a와 b는 같은 염색체에 있다.
> ㄷ. ㉠과 ㉡은 하나의 G_1기 세포에서 형성된 생식세포이다.

① ㄱ ② ㄴ ③ ㄱ, ㄷ ④ ㄴ, ㄷ ⑤ ㄱ, ㄴ, ㄷ

[24917-0087] 

7 다음은 사람의 유전 형질 (가)~(다)에 대한 자료이다.

- (가)의 유전자는 7번 염색체에 있고, (나)와 (다)의 유전자 중 하나는 7번 염색체에, 나머지 하나는 9번 염색체에 있다.
- (가)는 대립유전자 A와 A^*에 의해 결정되며, 유전자형이 다르면 표현형이 다르다.
- (나)는 대립유전자 B와 B^*에 의해 결정되며, B는 B^*에 대해 완전 우성이다.
- (다)는 1쌍의 대립유전자에 의해 결정되며, 대립유전자에는 D, E, F가 있다. (다)의 표현형은 4가지이며, (다)의 유전자형이 DD인 사람과 DE인 사람의 표현형은 같고, 유전자형이 EF인 사람과 FF인 사람의 표현형은 같다.
- 남자 P와 여자 Q는 (가)와 (나)의 표현형은 서로 같고, (다)의 표현형은 서로 다르다.
- P와 Q 사이에서 ㉠이 태어날 때, ㉠에게서 나타날 수 있는 (가)~(다)의 표현형은 최대 12가지이고, ㉠의 유전자형이 AA^*BB^*EE일 확률은 $\frac{1}{8}$이다.
- ㉠은 유전자형이 $A^*A^*BB^*DE$인 사람과 (가)~(다)의 표현형이 같을 수 있다.

이에 대한 설명으로 옳은 것만을 〈보기〉에서 있는 대로 고른 것은? (단, 돌연변이와 교차는 고려하지 않는다.)　　　　[3점]

> 보기
> ㄱ. (나)의 유전자는 7번 염색체에 있다.
> ㄴ. ㉠의 (가)~(다)의 표현형이 모두 P와 같을 확률은 $\frac{1}{8}$이다.
> ㄷ. P에서 A, B, E를 모두 갖는 생식세포가 형성될 수 있다.

① ㄱ　　② ㄷ　　③ ㄱ, ㄴ　　④ ㄴ, ㄷ　　⑤ ㄱ, ㄴ, ㄷ

[24917-0088] 

8 다음은 어떤 집안의 유전 형질 (가)에 대한 자료이다.

- (가)는 상염색체에 있는 1쌍의 대립유전자에 의해 결정되며, 대립유전자에는 E, F, G가 있다.
- E는 F, G에 대해, F는 G에 대해 각각 완전 우성이다.
- 그림은 구성원 1~5의 가계도를 나타낸 것이다.
- 1~5의 유전자형은 각각 서로 다르며, 1, 3, 5의 표현형은 서로 같고, 2와 4의 표현형은 서로 같다.
- 2의 유전자형은 이형 접합성이다.
- 2의 난자 형성 과정에서 대립유전자 ㉠이 대립유전자 ㉡으로 바뀌는 돌연변이가 1회 일어나 형성된 ㉡을 갖는 난자가 정상 정자와 수정되어 5가 태어났다. ㉠과 ㉡은 각각 E, F, G 중 하나이다.

이에 대한 설명으로 옳은 것만을 〈보기〉에서 있는 대로 고른 것은? (단, 제시된 돌연변이 이외의 돌연변이와 교차는 고려하지 않는다.)　　　　[3점]

> 보기
> ㄱ. 5의 유전자형은 동형 접합성이다.
> ㄴ. ㉡은 E이다.
> ㄷ. 5의 동생이 태어날 때, 이 아이의 표현형이 2와 같을 확률은 $\frac{1}{2}$이다.

① ㄱ　　② ㄷ　　③ ㄱ, ㄴ　　④ ㄴ, ㄷ　　⑤ ㄱ, ㄴ, ㄷ

[24917-0089] ○ △ ✕

9 그림 (가)는 어떤 지역의 식물 군집에서 산불이 난 후 천이 과정을, (나)는 식물 종 ㉠~㉢의 시간에 따른 피도를 나타낸 것이다. A~C는 관목림, 양수림, 음수림을 순서 없이, ㉠~㉢은 A~C의 우점종을 순서 없이 나타낸 것이다.

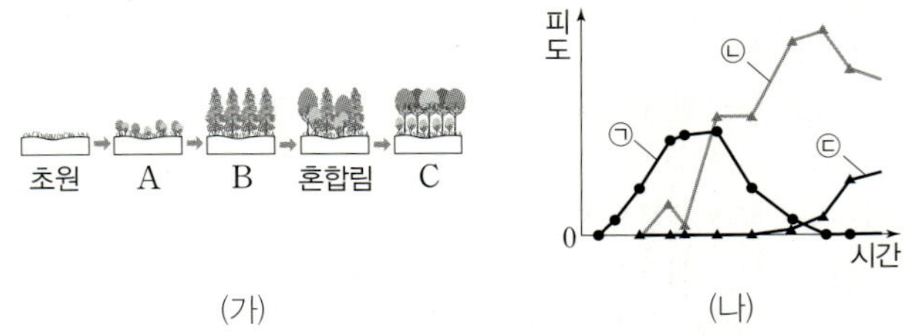

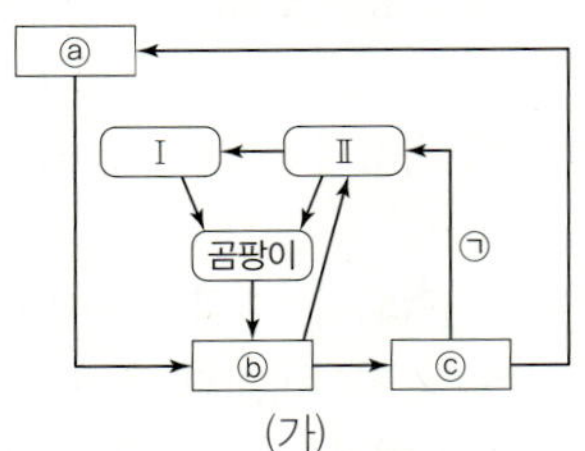

이에 대한 설명으로 옳은 것만을 〈보기〉에서 있는 대로 고른 것은?

보기

ㄱ. ㉠은 A의 우점종이다.

ㄴ. 2차 천이 과정이다.

ㄷ. 이 지역의 식물 군집은 양수림에서 극상을 이룬다.

① ㄱ ② ㄷ ③ ㄱ, ㄴ ④ ㄴ, ㄷ ⑤ ㄱ, ㄴ, ㄷ

[24917-0090] ○ △ ✕

10 그림 (가)와 (나)는 생태계에서 일어나는 질소(N) 순환 과정과 탄소(C) 순환 과정의 일부를 순서 없이 나타낸 것이다. ⓐ~ⓓ는 암모늄 이온(NH_4^+), 질산 이온(NO_3^-), 질소 기체(N_2), 이산화 탄소(CO_2)를, Ⅰ과 Ⅱ는 토끼와 토끼풀을 순서 없이 나타낸 것이다.

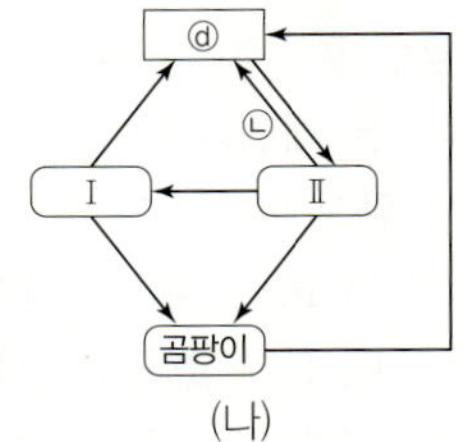

이에 대한 설명으로 옳은 것만을 〈보기〉에서 있는 대로 고른 것은? (단, 그림에 제시된 경로만을 고려한다.) [3점]

보기

ㄱ. 과정 ㉠은 질소 고정 작용을, ㉡은 광합성을 나타낸 것이다.

ㄴ. ⓐ가 ⓑ로 되는 과정에 탈질산화 세균이 관여한다.

ㄷ. ⓒ와 ⓓ는 모두 생태계의 구성 요소 중 비생물적 요인에 해당한다.

① ㄱ ② ㄴ ③ ㄷ ④ ㄱ, ㄷ ⑤ ㄴ, ㄷ

10회 미니모의고사

EBS 수능특강 Q 미니모의고사 **생명과학Ⅰ**

○ 알고 맞힘 ___/10   △ 헷갈림 ___/10   ✕ 모르고 틀림 ___/10

[24917-0091] ○ △ ✕

1 표는 생물의 특성 (가)~(다)의 예를, 그림은 갈라파고스 군도에 서식하는 핀치의 부리 모양과 먹이 종류를 나타낸 것이다.

특성	예
(가)	⊙ 지렁이가 빛을 피해 이동한다.
(나)	개구리의 ⓒ 수정란은 올챙이를 거쳐 개구리가 된다.
(다)	선인장에는 잎이 변한 가시가 있어 물의 손실이 최소화된다.

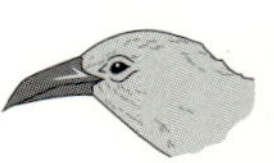

이에 대한 설명으로 옳은 것만을 〈보기〉에서 있는 대로 고른 것은?

┌ 보기 ┐
ㄱ. ⊙은 물질대사를 한다.
ㄴ. ⓒ에서 세포 분열이 일어난다.
ㄷ. (가)~(다) 중 그림과 가장 관련이 깊은 생물의 특성은 (다)이다.

① ㄱ   ② ㄷ   ③ ㄱ, ㄴ   ④ ㄴ, ㄷ   ⑤ ㄱ, ㄴ, ㄷ

[24917-0092] ○ △ ✕

2 그림 (가)는 중추 신경계의 구조를, (나)는 중추 신경계로부터 말초 신경을 통해 위와 다리 골격근에 연결된 경로를 나타낸 것이다. A와 B는 각각 연수와 척수 중 하나이다.

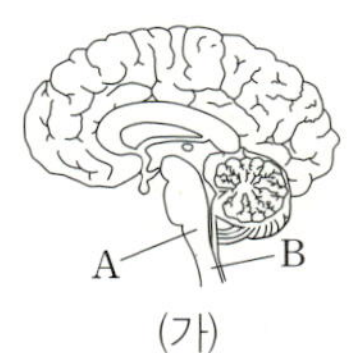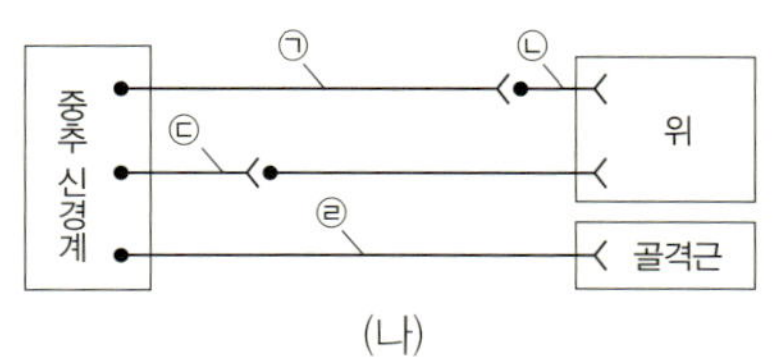

이에 대한 설명으로 옳은 것만을 〈보기〉에서 있는 대로 고른 것은?

┌ 보기 ┐
ㄱ. ⊙의 신경 세포체는 A에 있다.
ㄴ. ⓒ과 ②의 말단에서 분비되는 신경 전달 물질은 같다.
ㄷ. ⓒ과 ②은 모두 후근을 통해 나온다.

① ㄱ   ② ㄷ   ③ ㄱ, ㄴ   ④ ㄴ, ㄷ   ⑤ ㄱ, ㄴ, ㄷ

[24917-0093] ○ △ ✕

3 다음은 골격근의 수축 과정에 대한 자료이다.

- 그림은 근육 원섬유 마디 X의 구조를 나타낸 것이다. X는 좌우 대칭이다.

- 구간 ⊙은 액틴 필라멘트만 있는 부분이고, ⓒ은 액틴 필라멘트와 마이오신 필라멘트가 겹치는 부분이며, ⓒ은 마이오신 필라멘트만 있는 부분이다.
- 골격근 수축 과정의 한 시점 t_1일 때 X의 길이는 $3.2\ \mu m$이고, A대의 길이는 $1.6\ \mu m$이며, ⓐ~ⓒ의 길이의 비는 ⓐ : ⓑ : ⓒ=1 : 4 : 6이다. ⓐ~ⓒ는 ⊙~ⓒ을 순서 없이 나타낸 것이다.
- 골격근 수축 과정의 한 시점 t_2일 때 ⊙의 길이는 $0.6\ \mu m$이다.

이에 대한 설명으로 옳은 것만을 〈보기〉에서 있는 대로 고른 것은? [3점]

┌ 보기 ┐
ㄱ. ⓐ는 ⓒ이다.
ㄴ. t_2일 때 ⓒ의 길이와 ⓒ의 길이를 더한 값은 $1.2\ \mu m$이다.
ㄷ. X의 길이는 t_1일 때가 t_2일 때보다 $0.4\ \mu m$ 길다.

① ㄱ   ② ㄴ   ③ ㄱ, ㄷ   ④ ㄴ, ㄷ   ⑤ ㄱ, ㄴ, ㄷ

[24917-0094] ○ △ ✕

4 그림은 사람의 일부 기관계를 나타낸 것이다. A~C는 각각 배설계, 순환계, 호흡계 중 하나이며, ㉠과 ㉡은 각각 콩팥 동맥과 콩팥 정맥 중 하나이다.

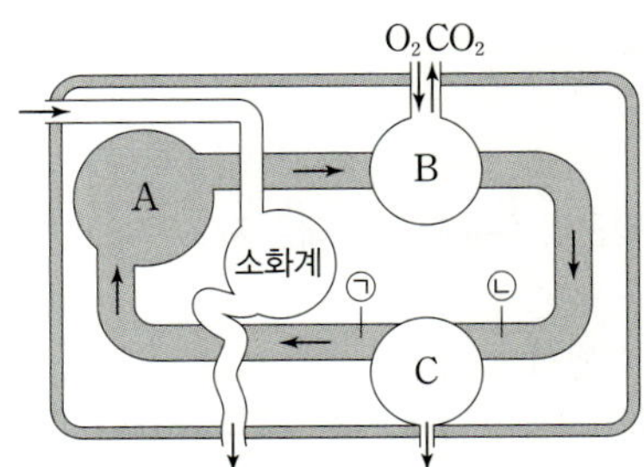

이에 대한 설명으로 옳은 것만을 〈보기〉에서 있는 대로 고른 것은?

보기
ㄱ. A와 B에 모두 교감 신경이 작용하는 기관이 있다.
ㄴ. 항이뇨 호르몬(ADH)은 A를 통해 C로 이동한다.
ㄷ. 단위 부피당 요소의 양은 ㉠의 혈액에서가 ㉡의 혈액에서보다 적다.

① ㄱ ② ㄷ ③ ㄱ, ㄴ ④ ㄴ, ㄷ ⑤ ㄱ, ㄴ, ㄷ

[24917-0095] ○ △ ✕

5 그림은 어떤 안정된 생태계에서의 에너지 흐름을 나타낸 것이다. A~D는 1차 소비자, 2차 소비자, 분해자, 생산자를 순서 없이 나타낸 것이고, ㉠과 ㉡은 에너지양이다. A에서 B로 전달되는 에너지양은 B에서 C로 전달되는 에너지양의 5배이다.

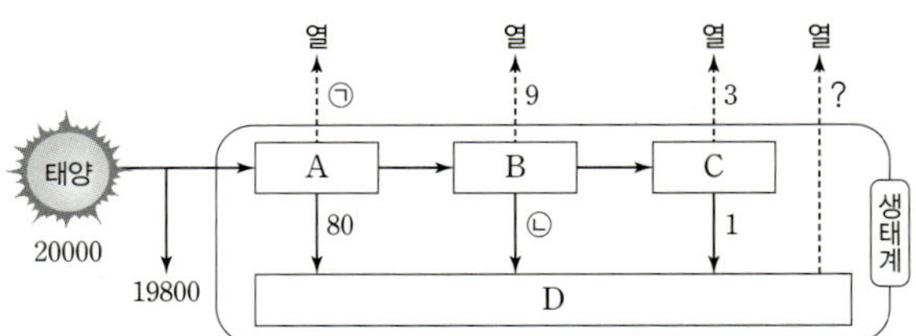

이에 대한 설명으로 옳은 것만을 〈보기〉에서 있는 대로 고른 것은? (단, 에너지양은 상댓값으로 나타낸 것이다.)

보기
ㄱ. 태양의 빛에너지는 생태계에 공급되는 에너지원이다.
ㄴ. ㉠과 ㉡의 합은 110이다.
ㄷ. 에너지 효율은 C가 B의 2배이다.

① ㄱ ② ㄷ ③ ㄱ, ㄴ ④ ㄱ, ㄷ ⑤ ㄴ, ㄷ

[24917-0096] ○ △ ✕

6 어떤 동물($2n$)의 유전 형질 (가)는 3쌍의 대립유전자 A와 a, B와 b, D와 d에 의해 결정되며, (가)의 유전자는 서로 다른 3개의 상염색체에 있다. 그림은 이 동물의 G_1기 세포 ㉠으로부터 생식세포가 형성되는 과정의 일부를, 표는 세포 Ⅰ~Ⅳ에서 a, B, d의 DNA 상대량을 더한 값과 A, D의 DNA 상대량을 더한 값을 나타낸 것이다. Ⅰ~Ⅳ는 ㉠~㉣을 순서 없이 나타낸 것이다. ㉡, ㉢, ㉤은 중기의 세포이다.

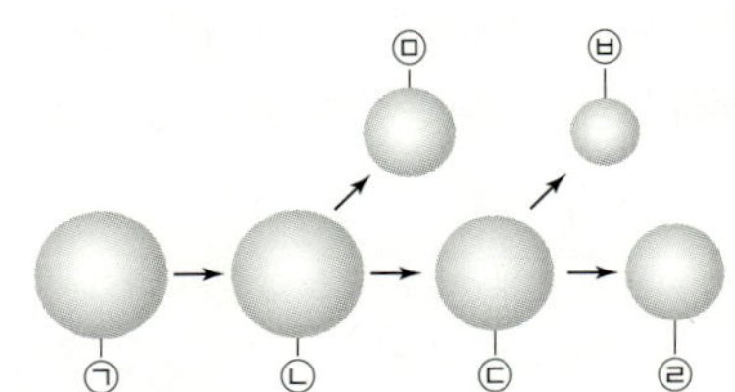

세포	a, B, d의 DNA 상대량을 더한 값	A, D의 DNA 상대량을 더한 값
Ⅰ	?	0
Ⅱ	?	2
Ⅲ	2	?
Ⅳ	6	4

이에 대한 설명으로 옳은 것만을 〈보기〉에서 있는 대로 고른 것은? (단, 돌연변이와 교차는 고려하지 않으며, A, a, B, b, D, d 각각의 1개당 DNA 상대량은 1이다.)

보기
ㄱ. Ⅰ은 ㉣이다.
ㄴ. ㉥에는 a와 b가 모두 있다.
ㄷ. ㉤에서 세포 1개당
$$\frac{\text{A의 DNA 상대량} + \text{b의 DNA 상대량}}{\text{D의 DNA 상대량}} = 1$$이다.

① ㄱ ② ㄷ ③ ㄱ, ㄴ ④ ㄴ, ㄷ ⑤ ㄱ, ㄴ, ㄷ

7  다음은 사람의 유전 형질 (가)~(다)에 대한 자료이다.

[24917-0097]

- (가)는 대립유전자 A와 a에 의해 결정되며, A는 a에 대해 완전 우성이다.
- (나)는 대립유전자 B와 b에 의해 결정되며, 유전자형이 다르면 표현형이 다르다.
- (다)는 1쌍의 대립유전자에 의해 결정되며, 대립유전자에는 D, E, F가 있고, D는 E, F에 대해, E는 F에 대해 각각 완전 우성이다.
- (가)~(다)의 유전자는 서로 다른 3개의 상염색체에 있다.
- 표는 Ⅰ~Ⅲ에서 아이가 태어날 때, 이 아이에게서 나타날 수 있는 (가)~(다)의 표현형의 최대 가짓수를 나타낸 것이다. ㉠과 ㉡은 A와 a를, ㉢과 ㉣은 B와 b를, ㉤~㉦은 D, E, F를 순서 없이 나타낸 것이다.

구분	아버지의 유전자형	어머니의 유전자형	아이에게서 나타날 수 있는 (가)~(다)의 표현형의 최대 가짓수
Ⅰ	A㉠B㉢D㉥	㉡㉡b㉣DF	6
Ⅱ	a㉡b㉢EF	AaB㉢㉤㉥	8
Ⅲ	A㉡BB㉥㉦	aaB㉣D㉥	4

이에 대한 설명으로 옳은 것만을 〈보기〉에서 있는 대로 고른 것은? (단, 돌연변이는 고려하지 않는다.) [3점]

┌ 보기 ┐
ㄱ. ㉠은 a이다.
ㄴ. ㉥은 ㉤에 대해 완전 우성이다.
ㄷ. A㉡B㉣㉥㉦과 AAbbDE 사이에서 아이가 태어날 때, 이 아이에게서 나타날 수 있는 (가)~(다)의 유전자형은 최대 4가지이다.

① ㄴ   ② ㄷ   ③ ㄱ, ㄴ   ④ ㄱ, ㄷ   ⑤ ㄱ, ㄴ, ㄷ

---

8 다음은 어떤 가족의 유전 형질 ㉮와 ㉯에 대한 자료이다.

[24917-0098]

- ㉮는 대립유전자 E와 e에 의해 결정되며, E는 e에 대해 완전 우성이다.
- ㉯는 대립유전자 F와 f에 의해 결정되며, F는 f에 대해 완전 우성이다.
- ㉮와 ㉯의 유전자는 모두 X 염색체에 있다.
- 그림 (가)는 이 가족 구성원에서 ㉮와 ㉯의 발현 여부를 나타낸 가계도이고, (나)는 세포 Ⅰ~Ⅲ에서 유전자 ⓐ와 F의 DNA 상대량을 나타낸 것이다. Ⅰ~Ⅲ은 구성원 1, 2, 5의 세포를 순서 없이 나타낸 것이고, ⓐ는 E와 e 중 하나이다.

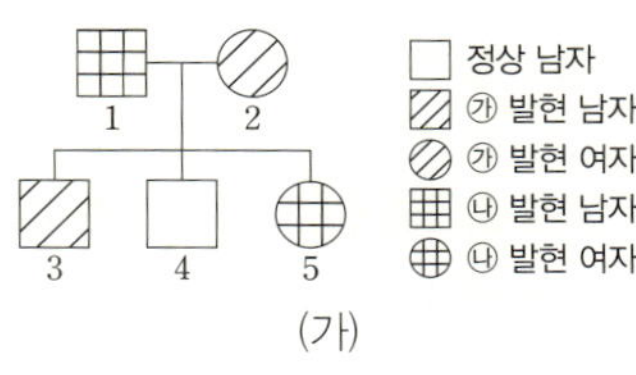

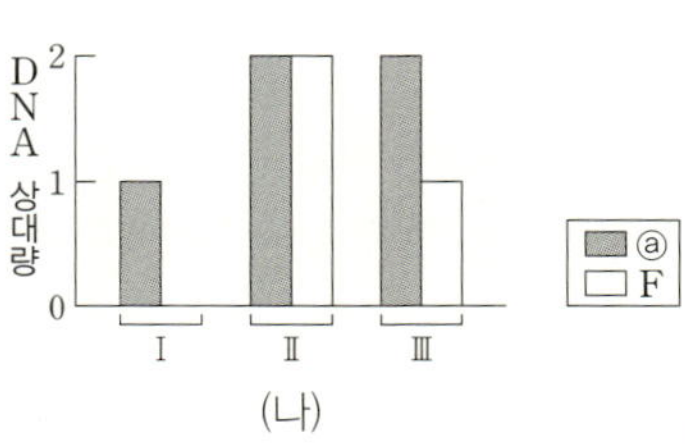

- 1과 2 중 한 명의 생식세포 형성 과정에서 ㉠X 염색체에서 결실과 중복 중 하나가 1회 일어나 ㉮의 유전자가 결실 또는 중복된 비정상적인 생식세포가 형성되었다. ㉠과 정상 생식세포의 수정으로 5가 태어났으며, 5를 제외한 나머지 가족 구성원의 핵형은 정상이다.

이에 대한 설명으로 옳은 것만을 〈보기〉에서 있는 대로 고른 것은? (단, 제시된 돌연변이 이외의 돌연변이와 교차는 고려하지 않으며, E, e, F, f 각각의 1개당 DNA 상대량은 1이다.) [3점]

┌ 보기 ┐
ㄱ. Ⅱ는 1의 세포이다.
ㄴ. ㉠은 f를 갖는다.
ㄷ. Ⅲ의 핵상은 n이다.

① ㄱ   ② ㄴ   ③ ㄱ, ㄷ   ④ ㄴ, ㄷ   ⑤ ㄱ, ㄴ, ㄷ

9

[24917-0099] ○ △ ✕

다음은 어떤 지역에서 식물 군집을 조사한 자료이다.

- 이 지역에 동일한 크기의 방형구 10개를 설치하여 식물 종 A~D의 분포를 조사했다.
- 표는 조사한 자료를 바탕으로 A~D의 개체 수, 상대 빈도, 상대 피도, 중요치를 나타낸 것이다.

종	개체 수	상대 빈도(%)	상대 피도(%)	중요치
A	㉠	40	12	76
B	22	28	?	104
C	6	㉡	36	56
D	10	?	20	64

- A는 설치한 방형구에 모두 출현하였다.

이에 대한 설명으로 옳은 것만을 〈보기〉에서 있는 대로 고른 것은? (단, A~D 이외의 종은 고려하지 않는다.) [3점]

보기
ㄱ. ㉠+㉡=20이다.
ㄴ. 지표를 덮고 있는 면적이 가장 큰 종은 C이다.
ㄷ. B가 출현한 방형구는 D가 출현한 방형구보다 4개 많다.

① ㄴ ② ㄷ ③ ㄱ, ㄴ ④ ㄱ, ㄷ ⑤ ㄴ, ㄷ

10

[24917-0100] ○ △ ✕

다음은 어떤 가족의 ABO식 혈액형에 대한 자료이다.

- 이 가족은 아버지, 어머니, 아들, 딸로 구성된다.
- 그림은 가족 구성원 중 (가)~(다)의 혈액을 혈구 ⓐ~ⓒ와 혈장 ㉠~㉢으로 분리한 결과를, 표는 혈구 ⓐ~ⓒ를 항 A 혈청 및 아버지, 어머니, 아들, 딸의 혈장과 각각 섞었을 때 응집 여부를 나타낸 것이다. (가)~(다)는 각각 아버지, 아들, 딸 중 하나이고, 아버지의 혈액에는 응집소 α와 응집소 β 중 한 가지만 있다.

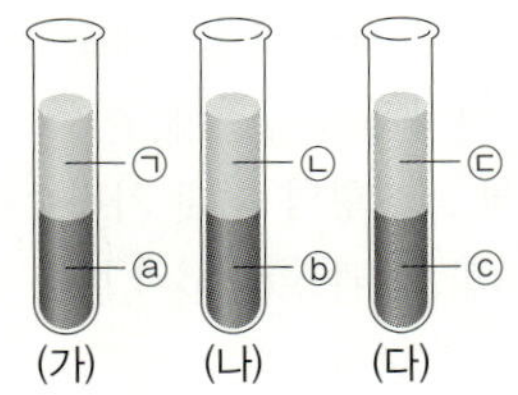

혈구 / 혈장	ⓐ	ⓑ	ⓒ
항 A 혈청	−	+	+
아버지	−	?	+
어머니	?	+	?
아들	−	?	?
딸	?	+	+

(+ : 응집함. − : 응집 안 함)

이에 대한 설명으로 옳은 것만을 〈보기〉에서 있는 대로 고른 것은? (단, ABO식 혈액형 이외의 다른 혈액형과 돌연변이는 고려하지 않는다.) [3점]

보기
ㄱ. 어머니의 ABO식 혈액형은 B형이다.
ㄴ. (나)는 아버지이다.
ㄷ. ⓐ와 ㉢을 섞으면 응집 반응이 일어난다.

① ㄱ ② ㄷ ③ ㄱ, ㄴ ④ ㄴ, ㄷ ⑤ ㄱ, ㄴ, ㄷ

11_회 미니모의고사

EBS 수능특강 Q 미니모의고사 **생명과학I**

○ 알고 맞힘   /10   △ 헷갈림   /10   ✕ 모르고 틀림   /10

---

1 [24917-0101] ○ △ ✕

다음은 매미가 갖는 생물의 특성에 대한 자료이다.

> (가) 매미의 알은 유충 시기를 거쳐 탈피를 하여 성체가 된다.
> (나) 매미는 나무의 수액을 섭취하여 ㉠ 생명 활동에 필요한 에너지를 얻는다.
> (다) 매미는 먹이를 섭취할 때 찔러서 빨아먹기에 적합한 입 모양을 갖고 있다.

이에 대한 설명으로 옳은 것만을 〈보기〉에서 있는 대로 고른 것은?

> **보기**
> ㄱ. (가)에서 세포 분열이 일어난다.
> ㄴ. ㉠에서 효소가 이용된다.
> ㄷ. (다)는 적응과 진화의 예에 해당한다.

① ㄴ　　② ㄷ　　③ ㄱ, ㄴ　　④ ㄱ, ㄷ　　⑤ ㄱ, ㄴ, ㄷ

---

2 [24917-0102] ○ △ ✕

그림은 사람 소화계의 일부를, 표는 사람에서 일어나는 물질대사 과정 I과 II를 나타낸 것이다. A~C는 각각 간, 위, 소장 중 하나이다.

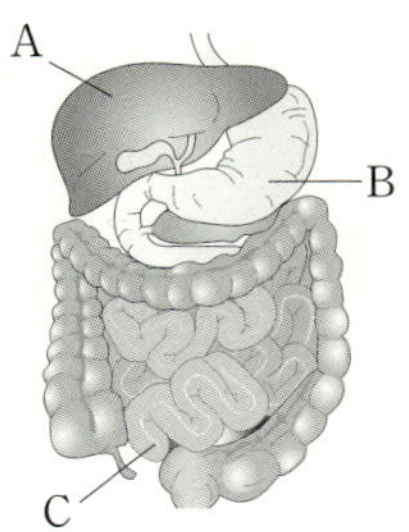

과정	물질대사
I	암모니아 → 요소
II	포도당 → 글리코젠

이에 대한 설명으로 옳은 것만을 〈보기〉에서 있는 대로 고른 것은?

> **보기**
> ㄱ. A에서 I과 II가 모두 일어난다.
> ㄴ. B에 연결된 부교감 신경에 역치 이상의 자극이 주어지면 B에서의 소화 작용이 억제된다.
> ㄷ. C에서 이화 작용이 일어난다.

① ㄴ　　② ㄷ　　③ ㄱ, ㄴ　　④ ㄱ, ㄷ　　⑤ ㄱ, ㄴ, ㄷ

---

3 [24917-0103] ○ △ ✕

다음은 민말이집 신경의 흥분 전도에 대한 자료이다.

> • 그림 (가)는 민말이집 신경 A~C에서 지점 d_0으로부터 지점 d_1~d_4까지의 거리를, (나)는 A~C 각각에서 활동 전위가 발생했을 때, 각 지점에서의 막전위 변화를 나타낸 것이다.
>
> 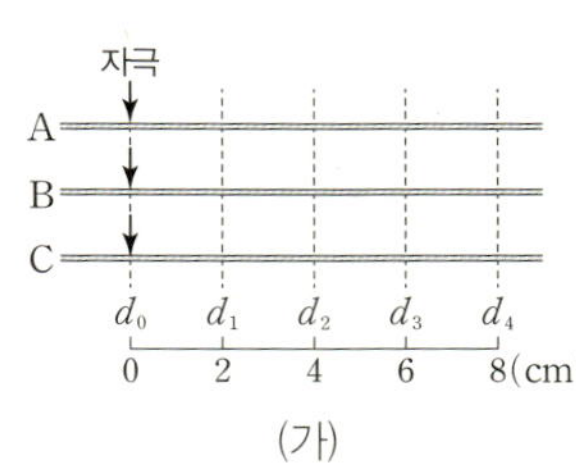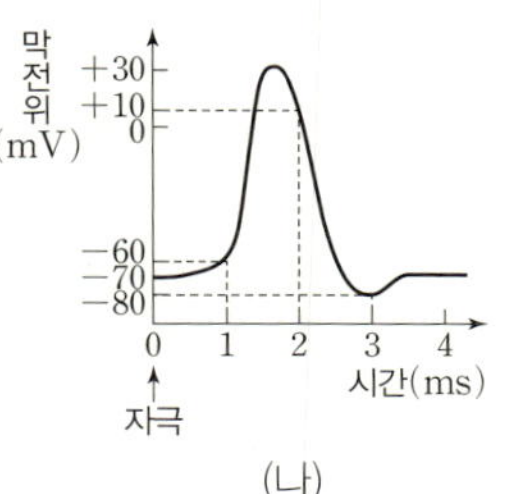
>
>
> • A~C의 흥분 전도 속도는 각각 서로 다르고, 각각 1 cm/ms, 2 cm/ms, 3 cm/ms 중 하나이며, 흥분 전도 속도는 B에서가 A에서보다 빠르다.
> • A~C의 ㉠ d_0에 역치 이상의 자극을 동시에 1회 주고 경과된 시간이 4 ms일 때 지점 I에서의 막전위는 A가 -60 mV, B가 +10 mV이고, II에서의 막전위는 A가 -80 mV, C가 +10 mV이다. 또한 III에서의 막전위는 B가 -10 mV이고, IV에서의 막전위는 C가 -70 mV이다. I~IV는 d_1~d_4를 순서 없이 나타낸 것이다.

이에 대한 설명으로 옳은 것만을 〈보기〉에서 있는 대로 고른 것은? (단, A~C에서 흥분의 전도는 각각 1회 일어났고, 휴지 전위는 -70 mV 이다.) [3점]

> **보기**
> ㄱ. IV는 d_2이다.
> ㄴ. B의 흥분 전도 속도는 3 cm/ms이다.
> ㄷ. ㉠이 5 ms일 때 A의 d_4와 C의 d_2에서 모두 탈분극이 일어난다.

① ㄱ　　② ㄷ　　③ ㄱ, ㄴ　　④ ㄴ, ㄷ　　⑤ ㄱ, ㄴ, ㄷ

4 [24917-0104] ○ △ ✕

그림은 중추 신경계로부터 말초 신경을 통해 심장과 방광에 연결된 경로를 나타낸 것이다. ㉠과 ㉡에는 각각 신경절이 하나씩 있다. B와 F의 말단에서 분비되는 신경 전달 물질은 서로 다르고, D와 F의 말단에서 분비되는 신경 전달 물질은 서로 다르다.

이에 대한 설명으로 옳은 것만을 〈보기〉에서 있는 대로 고른 것은?

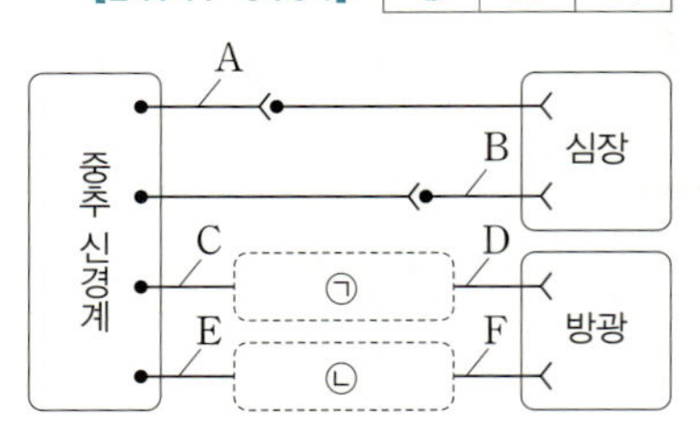

┌─ 보기 ┐
ㄱ. B와 F는 모두 자율 신경에 속한다.
ㄴ. E에서 활동 전위 발생 빈도가 증가하면 방광이 수축된다.
ㄷ. A와 C의 신경 세포체는 모두 척수에 있다.
└────────┘

① ㄴ   ② ㄷ   ③ ㄱ, ㄴ   ④ ㄱ, ㄷ   ⑤ ㄱ, ㄴ, ㄷ

5 [24917-0105] ○ △ ✕

그림은 개체군의 생존 곡선 유형(Ⅰ형, Ⅱ형, Ⅲ형)을, 표는 동시에 출생한 동물 개체군 P에서 연령에 따른 생존 개체 수를 나타낸 것이다.

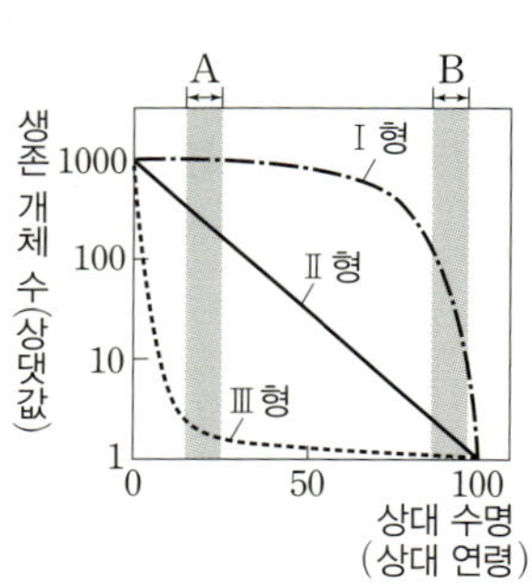

연령(살)	생존 개체 수
0	1,000,000
1	62
2	34
3	20
4	15
5	11
6	6
7	2
8	2

이에 대한 설명으로 옳은 것만을 〈보기〉에서 있는 대로 고른 것은? [3점]

┌─ 보기 ┐
ㄱ. Ⅱ형을 나타내는 개체군에서 A 시기 동안 사망한 개체 수는 B 시기 동안 사망한 개체 수와 같다.
ㄴ. 한 개체로부터 한 번에 출생하는 평균 자손의 수는 Ⅲ형을 나타나는 개체군에서가 Ⅰ형을 나타내는 개체군에서보다 적다.
ㄷ. Ⅰ형, Ⅱ형, Ⅲ형 중 P의 생존 곡선과 가장 유사한 것은 Ⅲ형이다.
└────────┘

① ㄱ   ② ㄴ   ③ ㄷ   ④ ㄱ, ㄴ   ⑤ ㄱ, ㄷ

6 [24917-0106] ○ △ ✕

표는 사람의 질병 ㉠~㉣의 특징을, 그림은 ㉢의 병원체가 사람(가)에 침입했을 때 일어나는 방어 작용의 일부를 나타낸 것이다. ㉠~㉣은 결핵, 독감, 혈우병, 말라리아를 순서 없이 나타낸 것이다.

질병	특징
㉠	바이러스성 질병이다.
㉡	병원체가 핵막을 갖는다.
㉢	치료에 항생제가 사용된다.
㉣	?

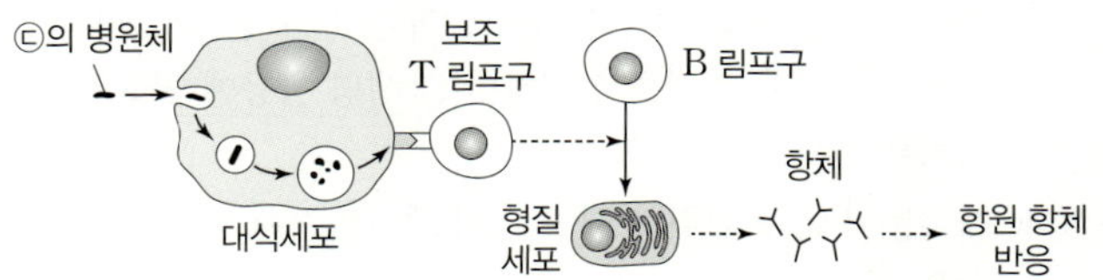

이에 대한 설명으로 옳은 것만을 〈보기〉에서 있는 대로 고른 것은?

┌─ 보기 ┐
ㄱ. ㉣은 비감염성 질병이다.
ㄴ. ㉠과 ㉡의 병원체는 모두 독립적으로 물질대사를 한다.
ㄷ. (가)에서 ㉢의 병원체에 대한 체액성 면역이 일어났다.
└────────┘

① ㄱ   ② ㄷ   ③ ㄱ, ㄴ   ④ ㄱ, ㄷ   ⑤ ㄴ, ㄷ

7 [24917-0107] ○ △ ✕

그림 (가)는 동물 A($2n=10$)의 체세포를 배양한 후 세포당 DNA 양에 따른 세포 수를, (나)는 동물 B($2n=20$)의 세포가 분열하는 동안 세포 1개당 DNA 양을 나타낸 것이다.

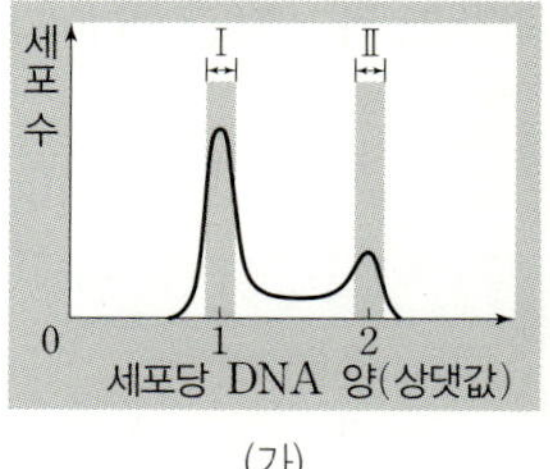

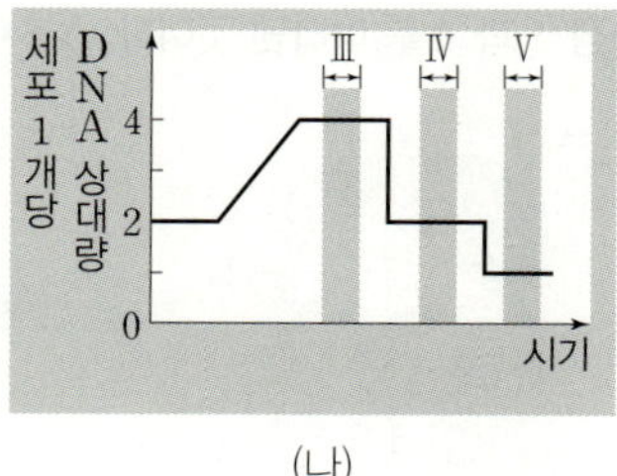

이에 대한 설명으로 옳은 것만을 〈보기〉에서 있는 대로 고른 것은? (단, 돌연변이는 고려하지 않는다.)

┌─ 보기 ┐
ㄱ. 구간 Ⅰ과 구간 Ⅲ에는 모두 핵상이 $2n$인 세포가 있다.
ㄴ. 구간 Ⅱ에 있는 세포 1개당 염색 분체 수는 구간 Ⅴ에 있는 세포 1개당 염색체 수보다 많다.
ㄷ. $\dfrac{\text{A의 감수 2분열 중기 세포 1개당 염색체 수}}{\text{구간 Ⅳ에 있는 세포 1개당 염색 분체 수}}=\dfrac{1}{2}$이다.
└────────┘

① ㄴ   ② ㄷ   ③ ㄱ, ㄴ   ④ ㄱ, ㄷ   ⑤ ㄱ, ㄴ, ㄷ

8

[24917-0108] ○ △ ✕

다음은 어떤 동물의 털 색 유전에 대한 자료이다.

- 털 색의 표현형은 3가지이며, 상염색체에 있는 1쌍의 대립 유전자에 의해 결정된다.
- 털 색 대립유전자는 R(적색 대립유전자), G(녹색 대립유전자), B(청색 대립유전자) 3가지이며, 각 대립유전자 사이의 우열 관계는 분명하다.
- 표는 이 동물의 교배 실험 결과를 나타낸 것이다.

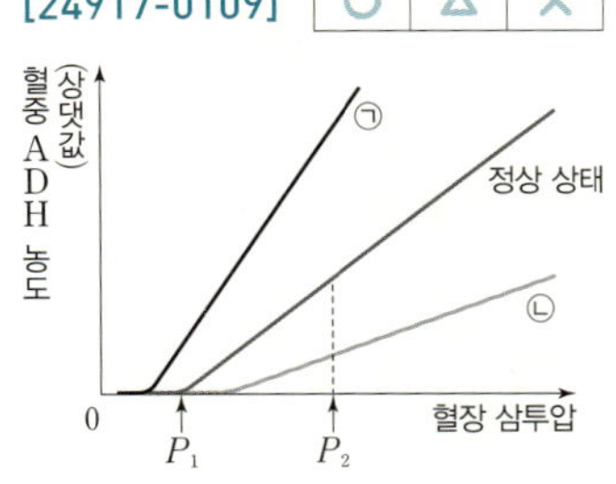

구분 / 실험	부모의 표현형		자손 1대(F_1)의 표현형에 따른 개체 수		
	부	모	적색	녹색	청색
(가)	적색	적색	29	0	10
(나)	적색	청색	19	21	0
(다)	녹색	녹색	0	28	9
(라)	녹색	청색	0	15	14

이에 대한 설명으로 옳은 것만을 〈보기〉에서 있는 대로 고른 것은? (단, 돌연변이는 고려하지 않는다.) [3점]

보기
ㄱ. 털 색 유전은 복대립 유전이다.
ㄴ. R는 G와 B 모두에 대해 완전 우성이다.
ㄷ. 실험 (라)의 부의 털 색 유전자형은 이형 접합성이다.

① ㄱ ② ㄴ ③ ㄱ, ㄷ ④ ㄴ, ㄷ ⑤ ㄱ, ㄴ, ㄷ

9

[24917-0109] ○ △ ✕

그림은 정상인에서 전체 혈액량이 정상 상태일 때와 ㉠과 ㉡일 때 혈장 삼투압에 따른 혈중 항이뇨 호르몬(ADH) 농도를 나타낸 것이다. ㉠과 ㉡은 전체 혈액량이 정상보다 증가한 상태와 정상보다 감소한 상태를 순서 없이 나타낸 것이다.

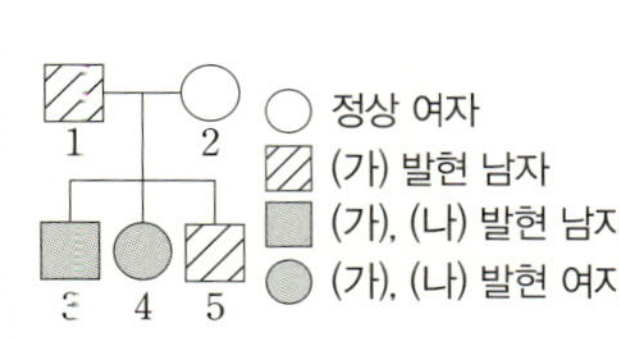

이에 대한 설명으로 옳은 것만을 〈보기〉에서 있는 대로 고른 것은? (단, 제시된 자료 이외에 체내 수분량에 영향을 미치는 요인은 없다.) [3점]

보기
ㄱ. ADH는 뇌하수체 전엽에서 분비된다.
ㄴ. ㉠일 때가 ㉡일 때보다 전체 혈액량이 적다.
ㄷ. 정상 상태에서 단위 시간당 오줌 생성량은 P_2일 때가 P_1일 때보다 많다.

① ㄴ ② ㄷ ③ ㄱ, ㄴ ④ ㄱ, ㄷ ⑤ ㄱ, ㄴ, ㄷ

10

[24917-0110] ○ △ ✕

다음은 어떤 가족의 유전 형질 (가)와 (나)에 대한 자료이다.

- (가)의 유전자와 (나)의 유전자는 서로 다른 염색체에 있다.
- (가)는 대립유전자 A와 a에 의해, (나)는 대립유전자 B와 b에 의해 결정되며, A는 a에 대해, B는 b에 대해 완전 우성이다.
- 가계도는 구성원 1~5에게서 (가)와 (나)의 발현 여부를 나타낸 것이다.
- 표는 구성원 ㉠~㉢과 4, 5에서 체세포 1개당 A, a, B, b의 DNA 상대량을 나타낸 것이다. ㉠~㉢은 1~3을 순서 없이 나타낸 것이다.

구성원	DNA 상대량			
	A	a	B	b
㉠	1	1	0	?
㉡	ⓐ	0	?	0
㉢	0	?	1	1
4	1	?	0	?
5	2	ⓑ	?	?

- 4는 정자 I과 난자 II의 수정으로 태어났고, I과 II의 형성 과정에서 각각 염색체 비분리가 1회 일어났다.
- 5는 생식세포 III과 정상 생식세포가 수정되어 태어났고, III은 부모 중 한 사람의 감수 분열 과정에서 ㉮ 염색체 일부가 떨어져 다른 염색체에 붙는 돌연변이가 1회 일어나 형성되었다.
- 5를 제외한 1~4의 핵형은 모두 정상이다.

이에 대한 설명으로 옳은 것만을 〈보기〉에서 있는 대로 고른 것은? (단, 제시된 돌연변이 이외의 돌연변이와 교차는 고려하지 않으며, A, a, B, b 각각의 1개당 DNA 상대량은 1이다.) [3점]

보기
ㄱ. ⓐ+ⓑ는 3이다.
ㄴ. II는 감수 1분열 과정에서 비분리가 일어나 형성되었다.
ㄷ. ㉮는 아버지의 감수 분열 과정에서 일어났다.

① ㄱ ② ㄴ ③ ㄱ, ㄷ ④ ㄴ, ㄷ ⑤ ㄱ, ㄴ, ㄷ

12 회 미니모의고사

EBS 수능특강 Q 미니모의고사 **생명과학I**

○ 알고 맞힘 /10 △ 헷갈림 /10 ✗ 모르고 틀림 /10

[24917-0111] ○ △ ✗

1 다음은 사람의 체내에서 일어나는 생명 활동에 대한 설명이다.

- 물을 많이 마시면 다량의 묽은 오줌이 생성된다.
- 식사 후에는 혈당량이 일시적으로 증가하지만 곧 정상 범위로 회복된다.

이 자료에 나타난 생물의 특성과 가장 관련이 깊은 것은?

① 모든 생물은 세포로 이루어져 있다.
② 생물은 환경에 적응해 나가면서 새로운 종으로 진화한다.
③ 생물은 외부로부터 받아들인 물질을 새로운 물질로 합성하거나 분해한다.
④ 생물은 체내·외의 환경 변화에 대해 체내 환경을 일정하게 유지하려 한다.
⑤ 다세포 생물은 발생과 생장을 통해 구조적·기능적으로 완전한 개체가 된다.

[24917-0112] ○ △ ✗

2 표는 사람에서 일어나는 물질 대사 과정 I ~ IV의 물질 전환을 나타낸 것이다. 물질 ㉠~㉺은 요소, 단백질, 포도당, 아미노산, 암모니아, 이산화 탄소를 순서 없이 나타낸 것이다. I과 II는 세포 호흡 과정이고, III은 이화 작용에 해당한다.

물질대사	물질 전환
I	㉠ → 물, ㉡
II	㉢ → 물, ㉡, ㉣
III	㉤ → ㉥
IV	㉣ → ㉦

이에 대한 설명으로 옳은 것만을 〈보기〉에서 있는 대로 고른 것은?

보기
ㄱ. I 에서 이화 작용이 일어난다.
ㄴ. I과 II에서 모두 ATP의 합성이 일어난다.
ㄷ. 소화계에서 III과 IV가 모두 일어난다.

① ㄱ　　② ㄷ　　③ ㄱ, ㄴ　　④ ㄴ, ㄷ　　⑤ ㄱ, ㄴ, ㄷ

[24917-0113] ○ △ ✗

3 그림 (가)는 어떤 뉴런에 역치 이상의 자극을 주었을 때 이 뉴런의 한 지점에서 측정한 이온 ㉠과 ㉡의 막 투과도를 시간에 따라, (나)는 이 지점에서 이온 통로를 통한 ⓐ의 확산을 나타낸 것이다. ㉠과 ㉡은 각각 K^+과 Na^+ 중 하나이고, ⓐ는 ㉠과 ㉡ 중 하나이다.

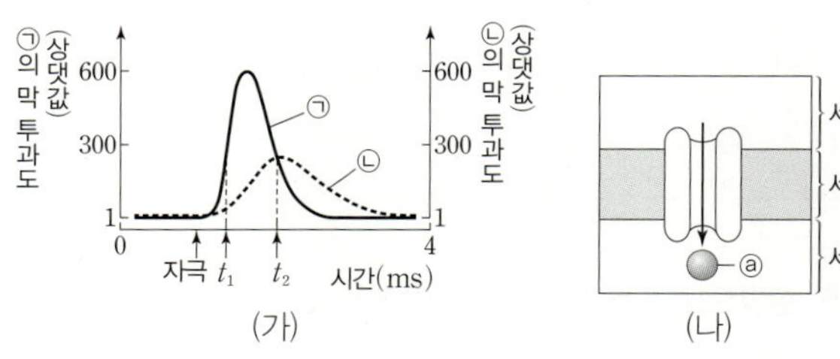

이에 대한 설명으로 옳은 것만을 〈보기〉에서 있는 대로 고른 것은?

보기
ㄱ. ⓐ는 ㉡이다.
ㄴ. t_1일 때 (나)가 일어난다.
ㄷ. t_2일 때 이온의 $\dfrac{\text{세포 안의 농도}}{\text{세포 밖의 농도}}$ 는 ㉠이 ㉡보다 크다.

① ㄱ　　② ㄴ　　③ ㄱ, ㄷ　　④ ㄴ, ㄷ　　⑤ ㄱ, ㄴ, ㄷ

[24917-0114] ○ △ ✗

4 표 (가)는 사람의 중추 신경계를 구성하는 구조 A~C에서 특징 ㉠~㉢의 유무를, (나)는 ㉠~㉢을 순서 없이 나타낸 것이다. A~C는 대뇌, 연수, 중간뇌를 순서 없이 나타낸 것이다.

특징＼구조	A	B	C
㉠	○	✕	✕
㉡	ⓐ	✕	○
㉢	○	?	ⓑ

(○: 있음, ✕: 없음)

(가)

특징(㉠~㉢)
- 뇌줄기를 구성한다.
- 수의 운동의 중추이다.
- 심장 박동을 조절한다.

(나)

이에 대한 설명으로 옳은 것만을 〈보기〉에서 있는 대로 고른 것은? [3점]

보기
ㄱ. ⓐ와 ⓑ는 모두 '✕'이다.
ㄴ. B는 기침 반사의 중추이다.
ㄷ. ㉢은 '심장 박동을 조절한다.'이다.

① ㄱ　　② ㄷ　　③ ㄱ, ㄴ　　④ ㄴ, ㄷ　　⑤ ㄱ, ㄴ, ㄷ

[24917-0115] ○ △ ✕

5 표는 방어 작용에 관여하는 세포 ⊙~⊜의 특징을, 그림은 어떤 정상인의 체내에 항원 X와 Y가 침입했을 때 생성되는 X에 대한 항체와 Y에 대한 항체의 농도 변화를 나타낸 것이다. ⊙~⊜은 대식세포, 보조 T 림프구, 세포독성 T림프구, 형질 세포를 순서 없이 나타낸 것이다.

세포	특징
⊙	B 림프구를 활성화시킨다.
⊙	비특이적 방어 작용에 관여한다.
⊙	?
⊜	항체를 생성한다.

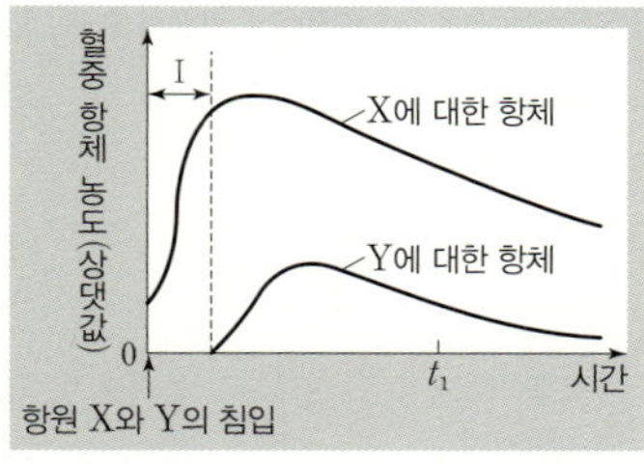

이에 대한 설명으로 옳은 것만을 〈보기〉에서 있는 대로 고른 것은?

보기
ㄱ. 이 사람은 X가 침입하기 전 X에 대한 기억 세포를 가지고 있었다.
ㄴ. 구간 Ⅰ에서 ⊙은 Y에 대한 정보를 ⊙에 직접 전달한다.
ㄷ. t_1일 때 이 정상인의 체내에 Y가 재침입하면 Y에 대한 ⊜의 수가 증가한다.

① ㄱ   ② ㄴ   ③ ㄱ, ㄷ   ④ ㄴ, ㄷ   ⑤ ㄱ, ㄴ, ㄷ

[24917-0116] ○ △ ✕

6 그림은 어떤 안정된 생태계에서 이동하는 에너지양을 상댓값으로 나타낸 것이다. A~C는 1차 소비자, 2차 소비자, 분해자를 순서 없이 나타낸 것이고, ⊙~⊙은 에너지양이다. 2차 소비자의 에너지 효율은 20 %이다.

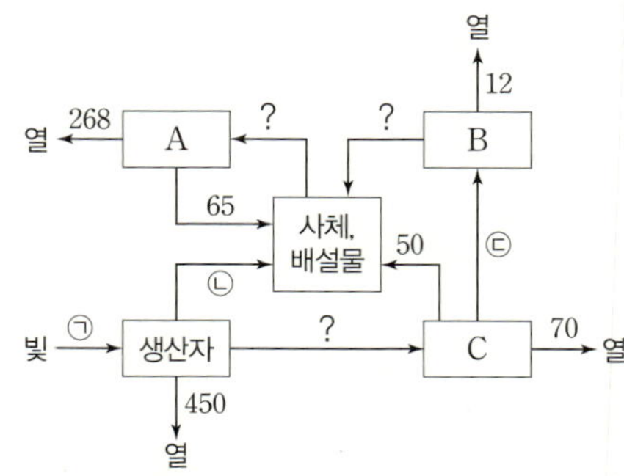

이에 대한 설명으로 옳은 것만을 〈보기〉에서 있는 대로 고른 것은? [3점]

보기
ㄱ. A는 분해자이다.
ㄴ. ⊙−⊙=180이다.
ㄷ. 에너지 효율은 C가 B보다 크다.

① ㄱ   ② ㄷ   ③ ㄱ, ㄴ   ④ ㄴ, ㄷ   ⑤ ㄱ, ㄴ, ㄷ

[24917-0117] ○ △ ✕

7 다음은 세포 주기에 대한 실험이다.

[실험 과정]

(가) 어떤 동물의 체세포를 배양하여 집단 A~C로 나눈다.

(나) A는 그대로 두고, B에는 물질 ㉠을, C에는 물질 ㉡을 처리한 후 동일한 조건에서 세 집단을 일정 시간 동안 배양한다. 표는 ㉠과 ㉡의 특징을 나타낸 것이고, ⓐ와 ⓑ는 각각 G_1기, G_2기, S기, 분열기 중 서로 다른 하나이다.

물질	특징
㉠	ⓐ에서 ⓑ로의 진행을 억제한다.
㉡	중심체로부터 방추사가 형성되는 것을 억제한다.

(다) 세 집단에서 같은 수의 세포를 동시에 고정한 후, 각 집단에서 세포당 DNA 양을 측정하여 DNA 양에 따른 세포 수를 그래프로 나타낸다.

[실험 결과]

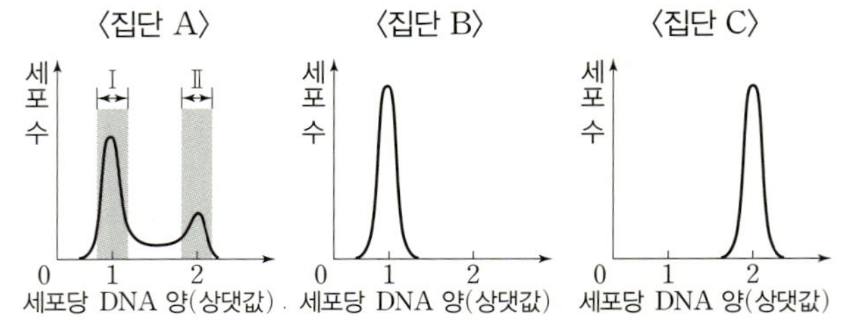

이에 대한 설명으로 옳은 것만을 〈보기〉에서 있는 대로 고른 것은? (단, 제시된 조건 이외는 고려하지 않는다.)

보기

ㄱ. ⓐ는 G_1기이다.

ㄴ. A에서 핵막이 사라진 세포 수는 구간 I에서가 구간 II에서보다 많다.

ㄷ. 실험 결과 관찰된 C의 세포 중에 2가 염색체가 관찰되는 세포가 있다.

① ㄱ ② ㄴ ③ ㄱ, ㄷ ④ ㄴ, ㄷ ⑤ ㄱ, ㄴ, ㄷ

[24917-0118] ○ △ ✕

8 다음은 어떤 가족의 유전 형질 ㉠과 ㉡에 대한 자료이다.

- ㉠은 대립유전자 A와 A*에 의해, ㉡은 대립유전자 B와 B*에 의해 결정되며 대립유전자 사이의 우열 관계는 분명하다.

- ㉠의 유전자와 ㉡의 유전자 중 하나는 상염색체에, 다른 하나는 X 염색체에 있다.

- 표는 가족 구성원에서 ㉠과 ㉡의 발현 여부와 체세포 1개당 A*와 B의 DNA 상대량을 나타낸 것이다. 구성원 I~III은 아버지, 어머니, 자녀 1을 순서 없이 나타낸 것이다.

구성원	성별	유전 형질		DNA 상대량	
		㉠	㉡	A*	B
I	여	✕	○	2	ⓐ
II	?	○	○	1	1
III	?	✕	✕	1	0
자녀 2	남	○	✕	1	ⓑ
자녀 3	남	✕	○	ⓒ	1

(○: 발현됨, ✕: 발현 안 됨)

- 감수 분열 시 염색체 비분리가 1회 일어나 형성된 생식세포 ⓧ와 정상 생식세포가 수정되어 자녀 2와 자녀 3 중 하나가 태어났으며, 이 자녀를 제외한 나머지 구성원의 핵형은 모두 정상이다.

이에 대한 설명으로 옳은 것만을 〈보기〉에서 있는 대로 고른 것은? (단, 제시된 염색체 비분리 이외의 돌연변이와 교차는 고려하지 않으며, A, A*, B, B* 각각의 1개당 DNA 상대량은 1이다.) [3점]

보기

ㄱ. ⓐ+ⓑ+ⓒ=2이다.

ㄴ. ⓧ는 감수 2분열에서 염색체 비분리가 일어난 정자이다.

ㄷ. 자녀 3의 동생이 태어날 때, 이 아이가 ㉠과 ㉡이 모두 발현된 남자 아이일 확률은 $\frac{1}{8}$이다.

① ㄱ ② ㄴ ③ ㄱ, ㄴ ④ ㄱ, ㄷ ⑤ ㄴ, ㄷ

---

9 [24917-0119] ○ △ ✕

그림은 극상인 어떤 지역에서 인위적으로 숲을 제거하고 제초제를 이용하여 천이를 억제한 후 제초제의 처리를 중단했을 때 시간에 따른 식물의 생물량을 나타낸 것이다.

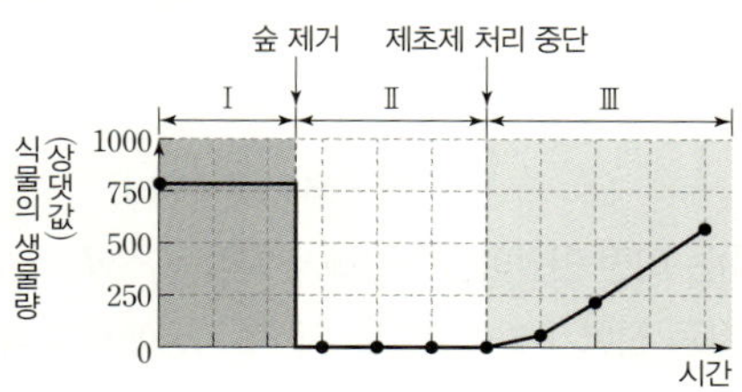

이에 대한 설명으로 옳은 것만을 〈보기〉에서 있는 대로 고른 것은? (단, 제시된 자료 이외는 고려하지 않는다.) [3점]

┌─ 보기 ┌
ㄱ. 구간 Ⅰ의 우점종은 초본(풀)에 해당한다.
ㄴ. 식물의 총생산량은 구간 Ⅱ에서가 구간 Ⅲ에서보다 낮다.
ㄷ. 구간 Ⅲ에서 진행되는 천이는 1차 천이에 해당한다.

① ㄱ　　② ㄴ　　③ ㄱ, ㄷ　　④ ㄴ, ㄷ　　⑤ ㄱ, ㄴ, ㄷ

10 [24917-0120] ○ △ ✕

다음은 사람의 유전 형질 (가)와 (나)에 대한 자료이다.

- (가)와 (나)를 결정하는 유전자는 서로 다른 상염색체에 있다.
- (가)는 대립유전자 A와 A^*에 의해 결정되며, A와 A^* 사이의 우열 관계는 분명하다.
- (나)는 1쌍의 대립유전자에 의해 결정되며, 대립유전자에는 D, E, F가 있고, 각 대립유전자 사이의 우열 관계는 분명하다. (나)의 표현형은 3가지이다.
- 유전자형이 AA^*DE인 아버지와 AA^*EF인 어머니 사이에서 ⓐ가 태어날 때, ⓐ에게서 나타날 수 있는 (가)와 (나)의 표현형은 최대 6가지이다.
- 유전자형이 ㉠AA^*DF인 아버지와 A^*A^*EF인 어머니 사이에서 아이가 태어날 때, 이 아이의 (가)와 (나)의 표현형이 모두 어머니와 같을 확률은 $\dfrac{3}{8}$이다.

ⓐ의 (가)와 (나)의 표현형이 ㉠과 같을 확률은? (단, 돌연변이는 고려하지 않는다.) [3점]

① $\dfrac{1}{3}$　　② $\dfrac{1}{4}$　　③ $\dfrac{3}{8}$　　④ $\dfrac{9}{16}$　　⑤ $\dfrac{3}{4}$

13회 미니모의고사

EBS 수능특강 Q 미니모의고사 **생명과학Ⅰ**

○ 알고 맞힘 /10 △ 헷갈림 /10 ✕ 모르고 틀림 /10

[24917-0121] ○ △ ✕

1 다음은 빛의 파장이 상추 씨의 발아에 미치는 영향을 알아보기 위한 탐구 과정의 일부이다.

(가) 물을 적신 거름종이가 있는 페트리 접시 A와 B를 준비하였다.
(나) A와 B에 각각 상추 씨를 50개씩 넣었다.
(다) A와 B를 25 ℃로 설정된 배양기에 넣은 후 A에는 파장이 660 nm인 빛을 비추고, B에는 파장이 730 nm인 빛을 비추었다.
(라) A와 B에서 각각 상추 씨의 발아율을 측정하였다.

이 탐구에서 조작 변인과 종속변인을 옳게 짝 지은 것은? (단, 제시된 조건 이외의 다른 조건은 동일하다.)

	조작 변인	종속변인
①	온도	빛의 파장
②	빛의 파장	상추 씨의 개수
③	빛의 파장	상추 씨의 발아율
④	상추 씨의 개수	온도
⑤	상추 씨의 개수	상추 씨의 발아율

[24917-0122] ○ △ ✕

2 그림 (가)는 사람에서 일어나는 글리코젠 분해 과정을, (나)는 포도당이 세포 호흡을 거쳐 최종 분해 산물로 되는 과정을 나타낸 것이다.

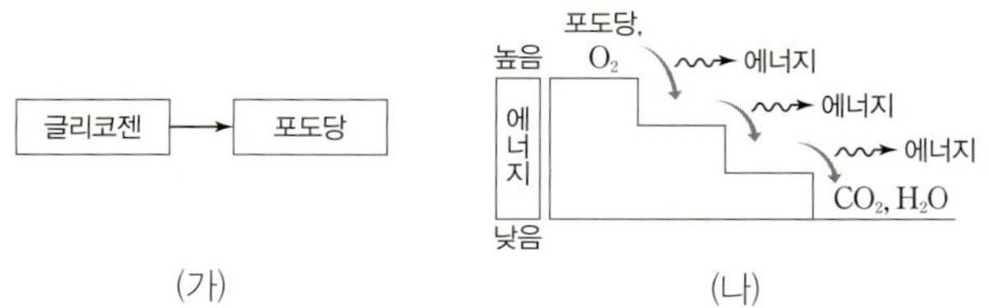

이에 대한 설명으로 옳은 것만을 〈보기〉에서 있는 대로 고른 것은?

보기
ㄱ. (가)와 (나)에서 모두 이화 작용이 일어난다.
ㄴ. (나)에서 효소가 관여한다.
ㄷ. (나)에서 방출된 에너지의 일부는 ATP에 저장된다.

① ㄱ　　② ㄷ　　③ ㄱ, ㄴ　　④ ㄴ, ㄷ　　⑤ ㄱ, ㄴ, ㄷ

[24917-0123] ○ △ ✕

3 그림 (가)는 어떤 민말이집 신경에서 지점 $d_1{\sim}d_3$의 위치를, (나)는 이 신경에서 활동 전위가 발생하였을 때 각 지점에서의 막전위 변화를, 표는 d_1에 역치 이상의 자극을 1회 주고 경과된 시간이 Ⅰ~Ⅳ일 때 ㉠~㉢에서 측정한 막전위를 나타낸 것이다. ㉠~㉢은 $d_1{\sim}d_3$을 순서 없이 나타낸 것이고, Ⅰ~Ⅳ는 2 ms, 3 ms, 4 ms, 5 ms를 순서 없이 나타낸 것이다.

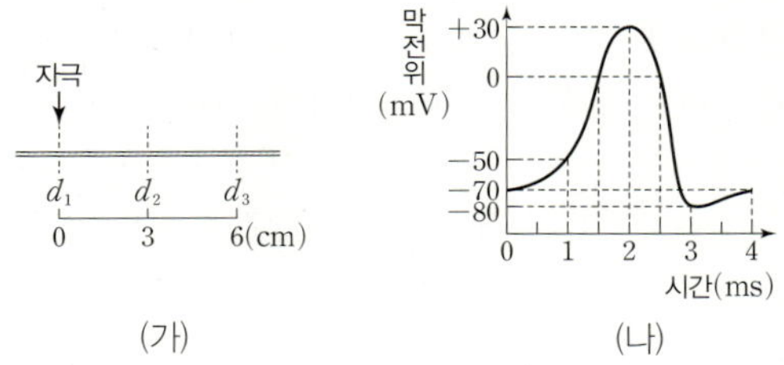

지점	막전위(mV)			
	Ⅰ	Ⅱ	Ⅲ	Ⅳ
㉠	−80	?	+30	−70
㉡	?	+30	−70	−50
㉢	0	−74	?	?

이에 대한 설명으로 옳은 것만을 〈보기〉에서 있는 대로 고른 것은? (단, 흥분의 전도는 1회 일어났고, 휴지 전위는 −70 mV이다.) [3점]

보기
ㄱ. ㉢은 d_2이다.
ㄴ. Ⅳ는 4 ms이다.
ㄷ. 흥분 전도 속도는 2 cm/ms이다.

① ㄱ　　② ㄷ　　③ ㄱ, ㄴ　　④ ㄴ, ㄷ　　⑤ ㄱ, ㄴ, ㄷ

---

4 [24917-0124] ○ △ ×

그림은 정상인과 환자 A가 각각 같은 양의 음료수를 마신 후 시간에 따른 혈당량과 혈중 인슐린 농도를, 표는 제1형 당뇨병과 제2형 당뇨병의 원인을 나타낸 것이다. A는 제1형 당뇨병과 제2형 당뇨병 중 하나를 갖는다.

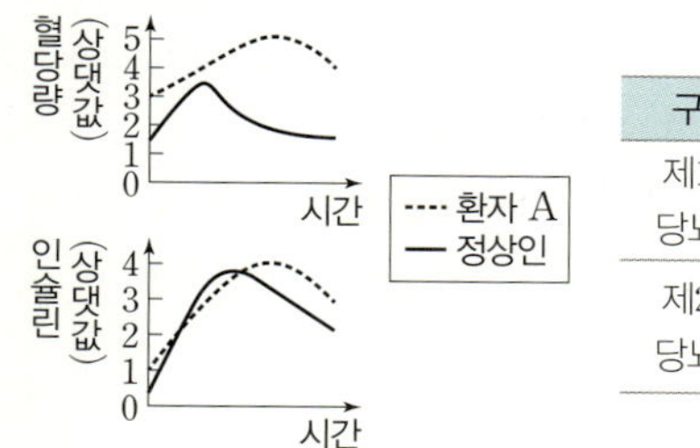

구분	원인
제1형 당뇨병	인슐린이 정상적으로 생성되지 못함
제2형 당뇨병	㉠ 인슐린의 표적 세포가 인슐린에 반응하지 못함

이에 대한 설명으로 옳은 것만을 〈보기〉에서 있는 대로 고른 것은? (단, 제시된 조건 이외의 다른 조건은 모두 동일하다.)

┌─ 보기 ┐
ㄱ. 간세포는 ㉠에 해당한다.
ㄴ. A는 제2형 당뇨병 환자이다.
ㄷ. 인슐린을 투여하는 것은 제1형 당뇨병 치료에 효과적이다.
└────────┘

① ㄱ   ② ㄷ   ③ ㄱ, ㄴ   ④ ㄴ, ㄷ   ⑤ ㄱ, ㄴ, ㄷ

5 [24917-0125] ○ △ ×

그림 (가)와 (나)는 각각 사람의 몸에서 일어나는 면역 반응을 나타낸 것이다. ㉠~㉢은 기억 세포, 세포독성 T림프구, B 림프구를 순서 없이 나타낸 것이다.

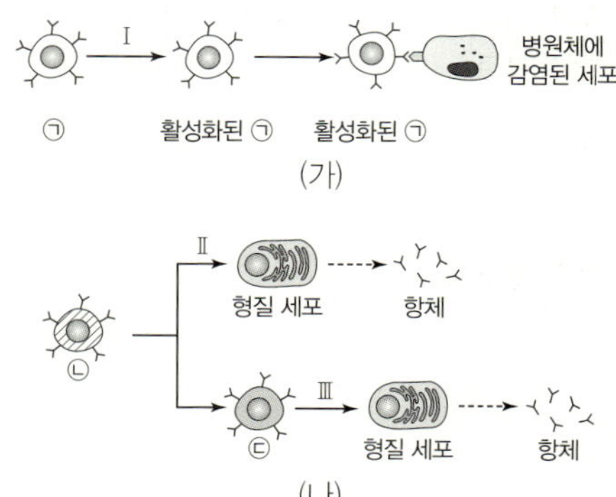

이에 대한 설명으로 옳은 것만을 〈보기〉에서 있는 대로 고른 것은? [3점]

┌─ 보기 ┐
ㄱ. (가)는 특이적 방어 작용이다.
ㄴ. 활성화된 보조 T 림프구는 과정 I과 II를 모두 촉진한다.
ㄷ. 2차 면역 반응에서 과정 III이 일어난다.
└────────┘

① ㄱ   ② ㄷ   ③ ㄱ, ㄴ   ④ ㄴ, ㄷ   ⑤ ㄱ, ㄴ, ㄷ

6 [24917-0126] ○ △ ×

그림은 중추 신경계로부터 말초 신경 I과 II를 통해 심장과 방광에 연결된 경로를, 표는 지점 ㉠과 ㉡에 역치 이상의 자극을 주었을 때 심장과 방광에서 일어나는 반응을 나타낸 것이다. ⓐ와 ⓑ 중 한 군데, ⓒ와 ⓓ 중 한 군데에 각각 하나의 신경절이 있다. 아세틸콜린 분해 효소는 아세틸콜린이 반응 기관에 지속적으로 작용하여 과도한 흥분이 일어나는 것을 막는다.

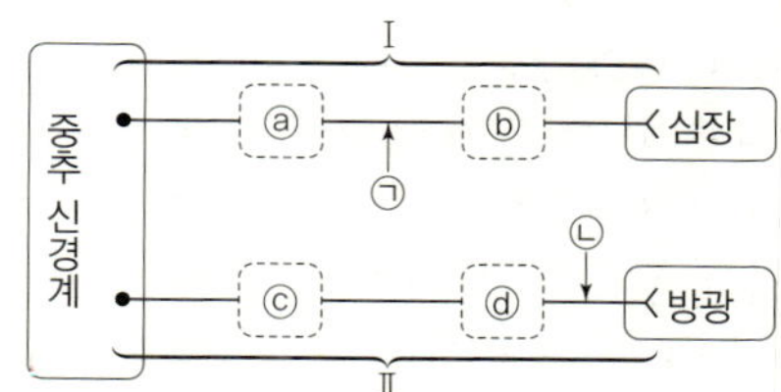

기관	반응
심장	분당 심장 박동 수와 심장에서 방출되는 혈액량이 모두 증가한다.
방광	Ⓐ 근육이 수축하여 오줌이 몸 밖으로 배출된다.

이에 대한 설명으로 옳은 것만을 〈보기〉에서 있는 대로 고른 것은?

┌─ 보기 ┐
ㄱ. I의 신경절 이전 뉴런의 신경 세포체는 척수 속질에 있다.
ㄴ. ㉠에 역치 이상의 자극을 주면 I의 신경절 이전 뉴런의 세포막에서 탈분극이 일어난다.
ㄷ. II의 신경절 이후 뉴런 말단에 아세틸콜린 분해 효소의 작용을 저해하는 물질을 처리하면 Ⓐ가 억제된다.
└────────┘

① ㄱ   ② ㄴ   ③ ㄷ   ④ ㄱ, ㄴ   ⑤ ㄱ, ㄷ

7 [24917-0127]

그림은 같은 종인 동물($2n=?$) Ⅰ과 Ⅱ의 세포 (가)~(라) 각각에 들어 있는 염색체 중 X 염색체를 제외한 나머지 염색체를 모두 나타낸 것이다. (가)~(라) 중 **1개만** Ⅰ의 세포이고, 나머지는 Ⅱ에서 하나의 G_1기 세포로부터 생식세포가 형성되는 과정에서 나타나는 세포이다. 이 동물의 성염색체는 암컷이 XX, 수컷이 XY이다.

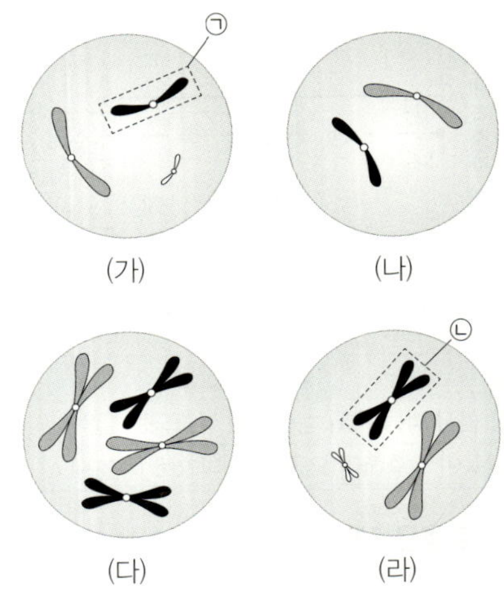

이에 대한 설명으로 옳은 것만을 〈보기〉에서 있는 대로 고른 것은? (단, 돌연변이는 고려하지 않는다.)

┌ 보기 ┐
ㄱ. Ⅰ에서 체세포 분열 중기의 세포 1개당 염색 분체 수는 12이다.
ㄴ. (나)와 (다)는 모두 암컷의 세포이다.
ㄷ. (가)의 ㉠이 복제되어 (라)의 ㉡이 형성되었다.

① ㄱ   ② ㄷ   ③ ㄱ, ㄴ   ④ ㄱ, ㄷ   ⑤ ㄴ, ㄷ

---

8 [24917-0128]

다음은 어떤 집안의 유전 형질 (가)에 대한 자료이다.

- (가)는 서로 다른 3개의 상염색체에 있는 3쌍의 대립유전자 A와 a, B와 b, D와 d에 의해 결정된다.
- (가)의 표현형은 유전자형에서 대문자로 표시되는 대립유전자의 수에 의해서만 결정되며, 대문자로 표시되는 대립유전자의 수가 다르면 (가)의 표현형이 다르다.
- 그림은 구성원 1~7의 가계도를, 표는 구성원 ㉠~㉣의 (가)의 유전자형에서 대문자로 표시되는 대립유전자의 수를 나타낸 것이다. ㉠~㉣은 구성원 1, 3, 5, 7을 순서 없이 나타낸 것이다.

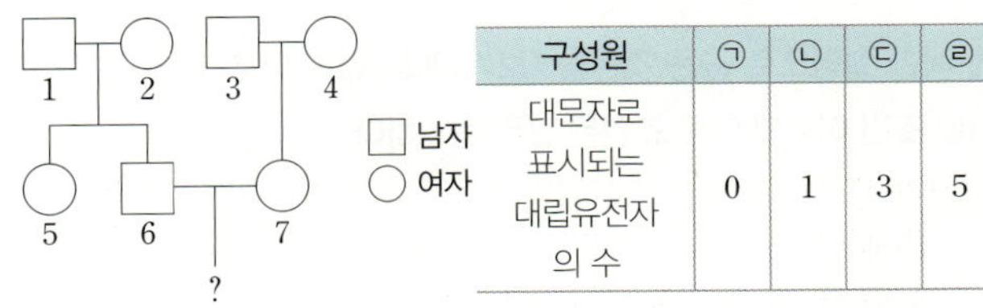

구성원	㉠	㉡	㉢	㉣
대문자로 표시되는 대립유전자의 수	0	1	3	5

- 2, 4, 6의 (가)의 유전자형에서 대문자로 표시되는 대립유전자의 수는 모두 2이고, 1~7의 (가)의 유전자형은 모두 다르다.
- 1과 2 사이에서 (가)의 유전자형이 AABBdd인 아이가 태어날 수 있고, 6과 7 사이에서 (가)의 유전자형이 AaBbDd인 아이가 태어날 수 있다.
- 4, 6, 7의 (가)의 유전자형에서 B의 수는 서로 다르다.

이에 대한 설명으로 옳은 것만을 〈보기〉에서 있는 대로 고른 것은? (단, 돌연변이와 교차는 고려하지 않는다.) [3점]

┌ 보기 ┐
ㄱ. 4의 (가)의 유전자형은 aaBBdd이다.
ㄴ. ㉣은 구성원 5이다.
ㄷ. 6과 7 사이에서 아이가 태어날 때, 이 아이의 (가)의 표현형이 1과 같을 확률은 $\frac{1}{8}$이다.

① ㄱ   ② ㄷ   ③ ㄱ, ㄴ   ④ ㄱ, ㄷ   ⑤ ㄱ, ㄴ, ㄷ

9 [24917-0129] ○ △ ✕

사람의 유전 형질 (가)는 3쌍의 대립유전자 A와 a, B와 b, D와 d
에 의해 결정되며, (가)의 유전자는 서로 다른 3개의 상염색체에 있다. 그
림은 이 사람의 G_1기 세포 Ⅰ로부터 정자가 형성되는 과정을, 표는 세포
㉠~㉣이 갖는 A, B, b, d의 DNA 상대량을 나타낸 것이다. ㉠~㉣은
Ⅰ~Ⅳ를 순서 없이 나타낸 것이고, 감수 1분열과 감수 2분열에서 염색
체 비분리가 각각 1회씩 일어났다. Ⅱ는 중기의 세포이다.

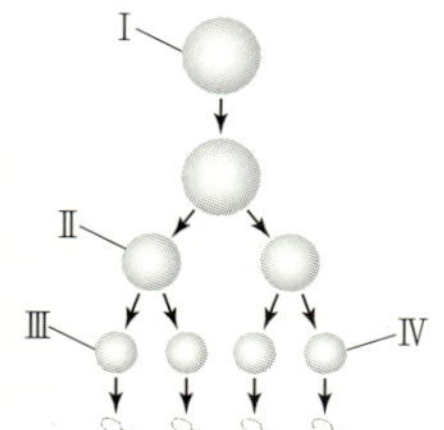

세포	DNA 상대량			
	A	B	b	d
㉠	0	1	1	0
㉡	2	0	0	1
㉢	1	1	1	1
㉣	0	2	2	0

이에 대한 설명으로 옳은 것만을 〈보기〉에서 있는 대로 고른 것은? (단,
제시된 돌연변이 이외의 돌연변이와 교차는 고려하지 않으며, A, a, B,
b, D, d 각각의 1개당 DNA 상대량은 1이다.) [3점]

┌ 보기 ┐
ㄱ. Ⅳ는 ㉡이다.
ㄴ. Ⅲ은 감수 1분열 비분리와 감수 2분열 비분리가 모두 일어
　　나서 형성된 세포이다.
ㄷ. $\dfrac{\text{Ⅲ에서 B의 DNA 상대량}+\text{Ⅲ에서 D의 DNA 상대량}}{\text{Ⅳ에서 A의 DNA 상대량}}=1$
　　이다.

① ㄴ　　② ㄷ　　③ ㄱ, ㄴ　　④ ㄱ, ㄷ　　⑤ ㄱ, ㄴ, ㄷ

10 [24917-0130] ○ △ ✕

다음은 초원 P에 서식하는 종 사이의 상호 작용에 대한 자료를
나타낸 것이다. (가)~(다)는 상리 공생, 편리공생, 포식과 피식을 순서 없
이 나타낸 것이다.

- 코뿔소가 풀을 뜯어 먹으면 풀 속의 수많은 곤충들이 날아
  오른다. 황로는 코뿔소 주변에 머물면서 날아오르는 곤충을
  잡아먹는다. 그러나 코뿔소는 황로와 곤충으로부터 아무런
  영향도 받지 않는다.
- 진드기는 코뿔소의 피부에 상처를 내고 피를 빨아 먹는다.
  그리고 찌르레기는 코뿔소의 피부에 붙어 있는 진드기를 잡
  아먹는다.

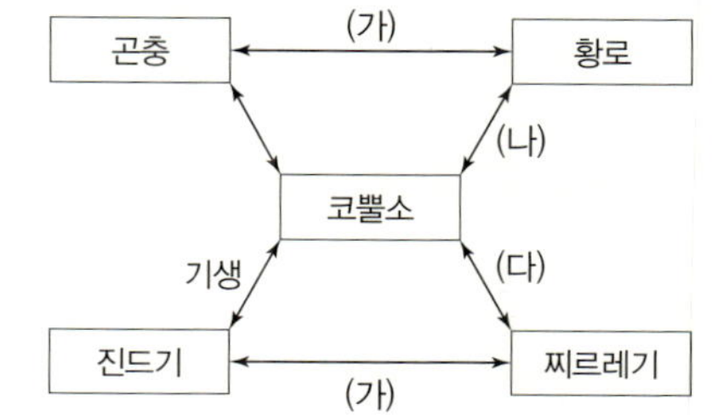

이 자료에 대한 설명으로 옳은 것만을 〈보기〉에서 있는 대로 고른 것은?
(단, 제시된 조건 이외는 고려하지 않는다.) [3점]

┌ 보기 ┐
ㄱ. P에서 코뿔소는 진드기와 군집을 이룬다.
ㄴ. (나)는 편리공생이다.
ㄷ. (다)에서 두 종 모두 이익을 얻는다.

① ㄱ　　② ㄷ　　③ ㄱ, ㄴ　　④ ㄴ, ㄷ　　⑤ ㄱ, ㄴ, ㄷ

14회 미니모의고사

EBS 수능특강 Q 미니모의고사 **생명과학I**

○ 알고 맞힘 /10   △ 헷갈림 /10   ✕ 모르고 틀림 /10

[24917-0131] ○ △ ✕

1 다음은 벌새와 붕어가 갖는 생물의 특성에 대한 자료이다.

> (가) ㉠벌새는 자신의 체중보다 많은 양의 꿀을 섭취하여 ⓐ활동에 필요한 에너지를 얻는다.
>
> (나) ㉡붕어는 부족한 염분을 아가미를 통해 흡수하고, 묽은 오줌을 배설하여 염분의 손실을 줄인다.

이에 대한 설명으로 옳은 것만을 〈보기〉에서 있는 대로 고른 것은?

> **보기**
> ㄱ. ⓐ 과정에서 물질대사가 일어난다.
> ㄴ. (나)는 항상성의 예에 해당한다.
> ㄷ. ㉠과 ㉡은 모두 세포로 구성된다.

① ㄱ　　② ㄴ　　③ ㄱ, ㄷ　　④ ㄴ, ㄷ　　⑤ ㄱ, ㄴ, ㄷ

[24917-0132] ○ △ ✕

2 그림은 사람이 세포 호흡을 통해 ⓐ를 생성하고, 이 ⓐ를 생명 활동에 이용하는 과정을 나타낸 것이다. ㉠과 ㉡은 O_2와 H_2O을 순서 없이 나타낸 것이고, ⓐ와 ⓑ는 ADP와 ATP를 순서 없이 나타낸 것이다.

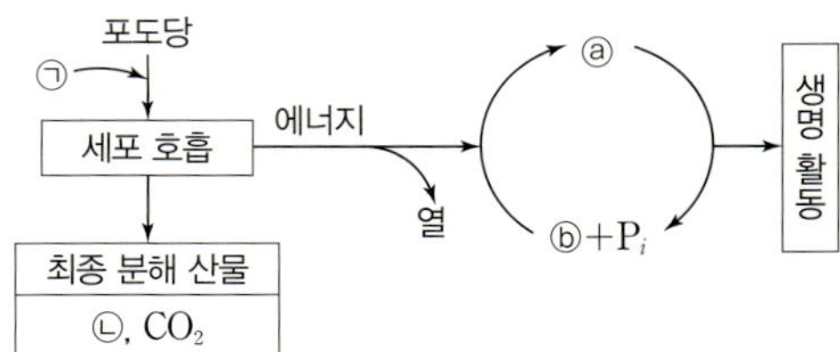

이에 대한 설명으로 옳은 것만을 〈보기〉에서 있는 대로 고른 것은?

> **보기**
> ㄱ. ㉡은 H_2O이다.
> ㄴ. 세포 호흡 결과 방출된 에너지는 모두 ⓐ에 저장된다.
> ㄷ. ⓐ와 ⓑ에는 모두 리보스가 있다.

① ㄱ　　② ㄴ　　③ ㄱ, ㄷ　　④ ㄴ, ㄷ　　⑤ ㄱ, ㄴ, ㄷ

[24917-0133] ○ △ ✕

3 다음은 골격근의 수축 과정에 대한 자료이다.

> • 그림은 어떤 ⓐ골격근을 구성하는 근육 원섬유 마디 X의 구조를, 표는 골격근 수축 과정의 두 시점 t_1과 t_2일 때 ㉠의 길이와 ㉡의 길이를 더한 값(㉠+㉡), ㉡의 길이에서 ㉢의 길이를 뺀 값(㉡−㉢), X의 길이를 나타낸 것이다. X는 좌우 대칭이고, t_1일 때 A대의 길이는 1.6 μm이다.

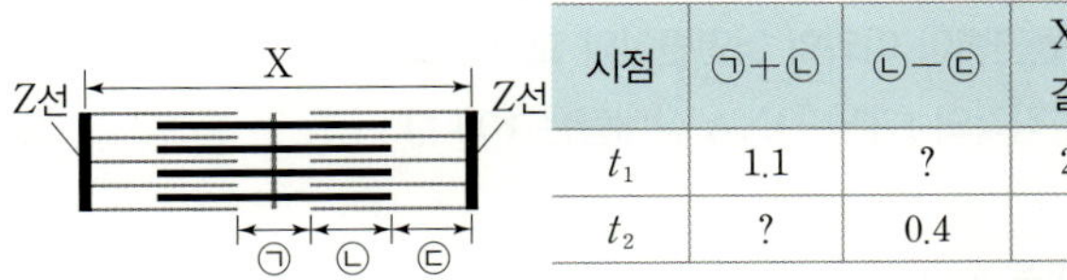

시점	㉠+㉡	㉡−㉢	X의 길이
t_1	1.1	?	2.6
t_2	?	0.4	?

(단위: μm)

> • 구간 ㉠은 마이오신 필라멘트만 있는 부분이고, ㉡은 액틴 필라멘트와 마이오신 필라멘트가 겹치는 부분이며, ㉢은 액틴 필라멘트만 있는 부분이다.

이에 대한 설명으로 옳은 것만을 〈보기〉에서 있는 대로 고른 것은? [3점]

> **보기**
> ㄱ. ⓐ를 수축시키는 말초 신경에는 신경절이 있다.
> ㄴ. H대의 길이는 t_1일 때가 t_2일 때보다 0.4 μm 길다.
> ㄷ. $\dfrac{t_1일\ 때\ ㉢의\ 길이}{t_2일\ 때\ ㉠의\ 길이와\ ㉢의\ 길이를\ 더한\ 값}$ 는 $\dfrac{3}{4}$이다.

① ㄱ　　② ㄴ　　③ ㄷ　　④ ㄱ, ㄴ　　⑤ ㄴ, ㄷ

---

4 [24917-0134] 

그림은 척수의 서로 다른 두 부위에 연결된 말초 신경 A~C를, 표는 신경 B의 ⓐ와 ⓑ 지점에 각각 역치 이상의 자극을 주었을 때 각 자극에 의한 ⓐ와 ⓑ 지점에서의 활동 전위 발생 여부를 나타낸 것이다. ㉠과 ㉡은 축삭 돌기 말단이다.

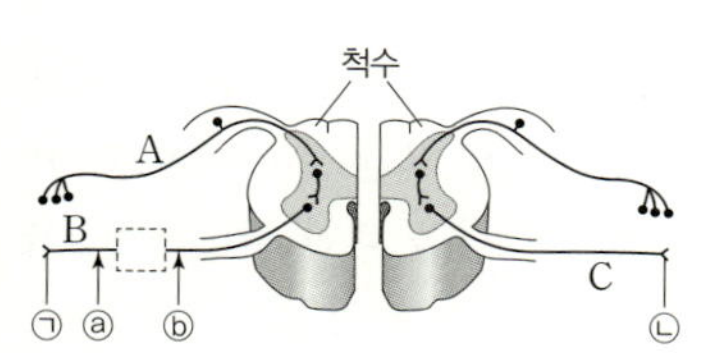

자극한 지점	활동 전위 발생 여부	
	ⓐ	ⓑ
ⓐ	○	×
ⓑ	○	○

(○: 발생함, ×: 발생 안 함)

이에 대한 설명으로 옳은 것만을 〈보기〉에서 있는 대로 고른 것은?

〈보기〉
ㄱ. A는 구심성 뉴런(감각 뉴런)이다.
ㄴ. B는 다리의 골격근에 연결된다.
ㄷ. ㉠과 ㉡에서 분비되는 신경 전달 물질은 서로 다르다.

① ㄱ   ② ㄴ   ③ ㄱ, ㄷ   ④ ㄴ, ㄷ   ⑤ ㄱ, ㄴ, ㄷ

5 [24917-0135] 

그림 (가)는 정상 상태인 어떤 동물에서 혈중 호르몬 X 농도에 따른 ㉠ 삼투압에 대한 ㉡ 삼투압 비를, (나)는 이 동물에게 다량의 물을 섭취시키고 일정 시간이 지난 후 X를 혈관에 투여하였을 때 단위 시간당 오줌 생성량을 시간에 따라 나타낸 것이다. ㉠과 ㉡은 혈장과 오줌을 순서 없이 나타낸 것이고, X는 뇌하수체 후엽에서 분비된다.

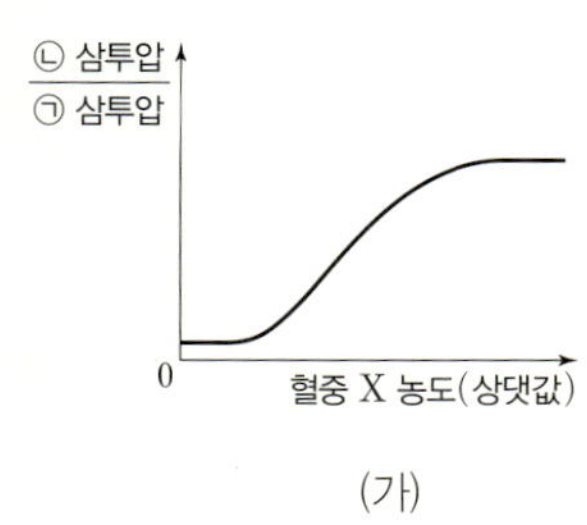 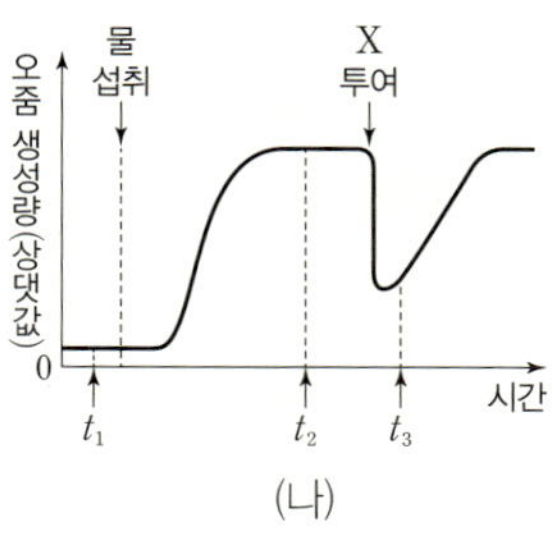

(가)   (나)

이에 대한 설명으로 옳은 것만을 〈보기〉에서 있는 대로 고른 것은? (단, 제시된 자료 이외에 체내 수분량에 영향을 미치는 요인은 없다.)

〈보기〉
ㄱ. ㉠ 삼투압은 t_1일 때가 t_2일 때보다 낮다.
ㄴ. ㉡ 삼투압은 t_3일 때가 t_2일 때보다 높다.
ㄷ. X는 콩팥에서 수분의 재흡수를 촉진한다.

① ㄱ   ② ㄷ   ③ ㄱ, ㄴ   ④ ㄴ, ㄷ   ⑤ ㄱ, ㄴ, ㄷ

6 [24917-0136] 

그림은 ABO식 혈액형이 A형인 학생 Ⅰ의 혈액과 ABO식 혈액형이 B형인 학생 Ⅱ의 혈액을 섞었을 때 나타난 반응을, 표는 Ⅰ과 Ⅱ가 속한 집단 200명을 대상으로 ㉠~㉣을 가진 학생 수를 나타낸 것이다. ㉠과 ㉡은 응집원 A와 응집원 B를 순서 없이, ㉢과 ㉣은 응집소 α와 응집소 β를 순서 없이 나타낸 것이다.

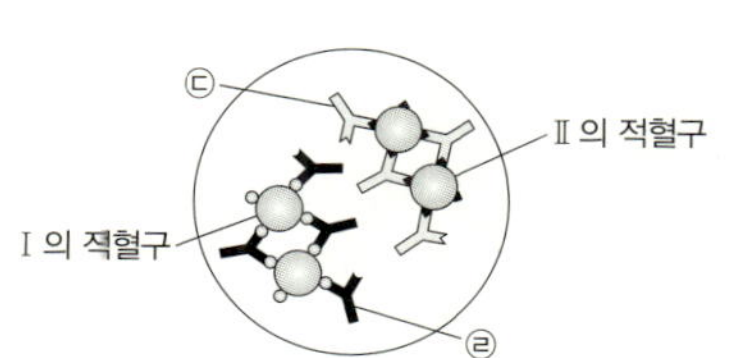

구분	학생 수
㉠을 가진 학생	95
㉡을 가진 학생	ⓐ
㉢을 가진 학생	?
㉣을 가진 학생	125
㉢과 ㉣을 모두 가진 학생	70

이에 대한 설명으로 옳은 것만을 〈보기〉에서 있는 대로 고른 것은? [3점]

〈보기〉
ㄱ. ⓐ는 70이다.
ㄴ. 이 집단에서 O형인 학생 수가 B형인 학생 수보다 많다.
ㄷ. ㉢에 응집되는 혈액을 가진 학생의 수가 ㉣에 응집되지 않는 혈액을 가진 학생의 수보다 적다.

① ㄱ   ② ㄷ   ③ ㄱ, ㄴ   ④ ㄴ, ㄷ   ⑤ ㄱ, ㄴ, ㄷ

7 [24917-0137] ○ △ ✕

사람의 유전 형질 (가)는 2쌍의 대립유전자 D와 d, E와 e에 의해 결정되며, (가)의 유전자는 서로 다른 2개의 상염색체에 있다. (나)는 대립유전자 F와 f에 의해 결정되며, (나)의 유전자는 X 염색체에 있다. 그림은 남자 P에서 G_1기 세포 Ⅰ로부터 정자가 형성되는 과정을, 표는 세포 ㉠~㉣에 들어 있는 세포 1개당 D, E, F의 DNA 상대량을 더한 값을 나타낸 것이다. ㉠~㉣은 Ⅰ~Ⅳ를 순서 없이 나타낸 것이고, Ⅱ는 중기의 세포이다.

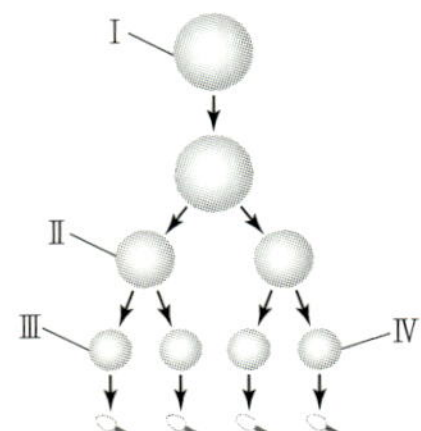

세포	D, E, F의 DNA 상대량을 더한 값
㉠	6
㉡	4
㉢	3
㉣	ⓐ

이에 대한 설명으로 옳은 것만을 〈보기〉에서 있는 대로 고른 것은? (단, 돌연변이는 고려하지 않으며, D, d, E, e, F, f 각각의 1개당 DNA 상대량은 1이다.)

┌─ 보기 ┐
ㄱ. ⓐ는 1이다.
ㄴ. P에는 D, E, f를 모두 갖는 세포가 있다.
ㄷ. $\dfrac{\text{X 염색체 수}}{\text{상염색체 수}}$ 는 Ⅰ < Ⅲ이다.
└──────┘

① ㄴ   ② ㄷ   ③ ㄱ, ㄴ   ④ ㄱ, ㄷ   ⑤ ㄴ, ㄷ

8 [24917-0138] ○ △ ✕

다음은 어떤 집안의 유전 형질 (가)와 (나)에 대한 자료이다.

- (가)는 대립유전자 A와 a에 의해, (나)는 대립유전자 B와 b에 의해 결정된다. A는 a에 대해, B는 b에 대해 각각 완전 우성이다.
- 가계도는 구성원 ⓐ와 ⓑ를 제외한 구성원 1~7에게서 (가)와 (나)의 발현 여부를, 표는 구성원 1, 2, 4, 6, 7에서 체세포 1개당 ㉠과 ㉡의 DNA 상대량을 더한 값(㉠+㉡)과 체세포 1개당 ㉢과 ㉣의 DNA 상대량을 더한 값(㉢+㉣)을 나타낸 것이다. ㉠~㉣은 A, a, B, b를 순서 없이 나타낸 것이다.

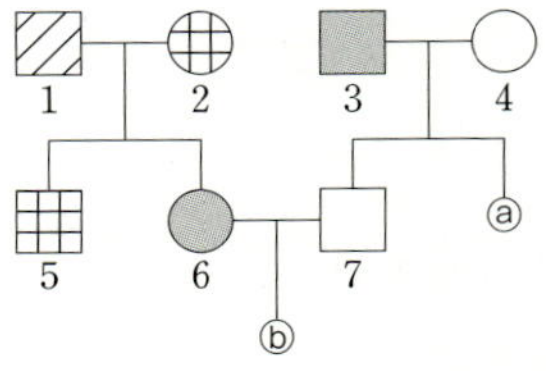

구성원	DNA 상대량을 더한 값	
	㉠+㉡	㉢+㉣
1	2	?
2	?	3
4	3	1
6	3	1
7	1	1

□ 정상 남자   ⊞ (나) 발현 남자
○ 정상 여자   ⊕ (나) 발현 여자
▨ (가) 발현 남자   ■ (가), (나) 발현 남자
                      ● (가), (나) 발현 여자

- ⓐ에서 체세포 1개당 ㉡과 ㉣의 DNA 상대량을 더한 값은 3이다.
- ⓐ에는 ㉢이 없고, ⓑ에는 ㉠과 ㉣이 모두 있다.

이에 대한 설명으로 옳은 것만을 〈보기〉에서 있는 대로 고른 것은? (단, 돌연변이와 교차는 고려하지 않으며, A, a, B, b 각각의 1개당 DNA 상대량은 1이다.) [3점]

┌─ 보기 ┐
ㄱ. ⓐ에서 a와 b를 모두 갖는 생식세포가 형성될 수 있다.
ㄴ. $\dfrac{1, 4, 5 \text{ 각각의 체세포 1개당 ㉡의 DNA 상대량을 더한 값}}{2, 3, ⓑ \text{ 각각의 체세포 1개당 ㉣의 DNA 상대량을 더한 값}} = \dfrac{2}{3}$ 이다.
ㄷ. ⓑ의 동생이 태어날 때, 이 아이에게서 (가)와 (나)가 모두 발현될 확률은 $\dfrac{1}{4}$이다.
└──────┘

① ㄱ   ② ㄴ   ③ ㄱ, ㄷ   ④ ㄴ, ㄷ   ⑤ ㄱ, ㄴ, ㄷ

9

[24917-0139]

다음은 어떤 가족의 유전 형질 (가)와 (나)에 대한 자료이다.

- (가)는 X 염색체에 있는 1쌍의 대립유전자 A와 a에 의해, (나)는 X 염색체에 있는 1쌍의 대립유전자 B와 b에 의해 결정된다. A는 a에 대해, B는 b에 대해 각각 완전 우성이다.
- 표는 가족 구성원의 성별, (가)와 (나)의 발현 여부를 나타낸 것이다.

구분	아버지	어머니	자녀 1	자녀 2	자녀 3	자녀 4
성별	남	여	여	남	남	여
(가)	○	×	○	○	×	○
(나)	○	×	○	×	○	×

(○: 발현됨, ×: 발현 안 됨)

- ㉠은 아버지와 어머니 중 한 명의 감수 분열 과정에서 염색체 비분리가 1회 일어나 형성된 생식세포이고, ㉡은 아버지와 어머니 중 한 명의 감수 분열 과정에서 X 염색체에서 대립유전자 ㉮가 제거되는 결실이 일어나 형성된 생식세포이다. 자녀 3과 4는 각각 ㉠과 ㉡ 중 하나가 정상 생식세포와 수정되어 태어났으며, ㉮는 A, a, B, b 중 하나이다.

이에 대한 설명으로 옳은 것만을 〈보기〉에서 있는 대로 고른 것은? (단, 제시된 돌연변이 이외의 돌연변이와 교차는 고려하지 않는다.) [3점]

보기

ㄱ. (나)는 우성 형질이다.

ㄴ. ㉠이 형성될 때 염색체 비분리는 감수 2분열에서 일어났다.

ㄷ. 체세포 1개당 b의 수는 자녀 1과 자녀 4가 같다.

① ㄱ ② ㄴ ③ ㄱ, ㄷ ④ ㄴ, ㄷ ⑤ ㄱ, ㄴ, ㄷ

10

[24917-0140]

그림 (가)는 어떤 지역의 식물 군집 K에서 산불이 난 후의 천이 과정에서 식물 군집의 높이 변화를, (나)는 B에서 조사한 음수와 양수의 크기(높이)에 따른 개체 수를 나타낸 것이다. A~C는 각각 양수림, 음수림, 초원 중 하나이고, ㉠과 ㉡은 각각 활엽수(음수)와 침엽수(양수) 중 하나이다.

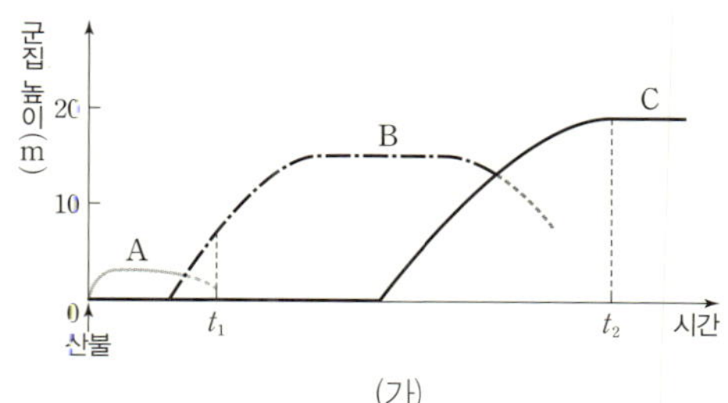

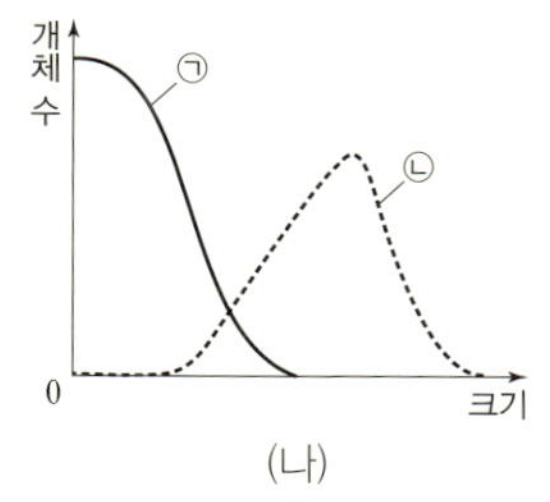

이에 대한 설명으로 옳은 것만을 〈보기〉에서 있는 대로 고른 것은? [3점]

보기

ㄱ. K에서 2차 천이가 일어났다.

ㄴ. t_2일 때 K의 우점종은 ㉡이다.

ㄷ. 지표면에 도달하는 빛의 세기는 t_1일 때가 t_2일 때보다 강하다.

① ㄱ ② ㄴ ③ ㄷ ④ ㄱ, ㄷ ⑤ ㄴ, ㄷ

Memo
Memo

과학탐구영역 | 생명과학 Ⅰ

정답과 해설

한눈에 보는 정답

01회 미니모의고사
본문 04~06쪽

1 ③	2 ⑤	3 ②	4 ⑤
5 ⑤	6 ①	7 ③	8 ②
9 ⑤	10 ⑤		

02회 미니모의고사
본문 07~10쪽

1 ⑤	2 ①	3 ④	4 ①
5 ①	6 ④	7 ②	8 ③
9 ⑤	10 ④		

03회 미니모의고사
본문 11~13쪽

1 ①	2 ①	3 ②	4 ①
5 ③	6 ④	7 ④	8 ①
9 ⑤	10 ④		

04회 미니모의고사
본문 14~17쪽

1 ①	2 ①	3 ②	4 ③
5 ③	6 ⑤	7 ④	8 ③
9 ⑤	10 ①		

05회 미니모의고사
본문 18~21쪽

1 ③	2 ⑤	3 ①	4 ①
5 ③	6 ②	7 ③	8 ⑤
9 ①	10 ③		

06회 미니모의고사
본문 22~25쪽

1 ④	2 ⑤	3 ②	4 ⑤
5 ⑤	6 ⑤	7 ③	8 ⑤
9 ①	10 ④		

07회 미니모의고사
본문 26~29쪽

1 ③	2 ④	3 ⑤	4 ④
5 ④	6 ③	7 ③	8 ④
9 ③	10 ①		

08회 미니모의고사
본문 30~32쪽

1 ③	2 ⑤	3 ④	4 ①
5 ④	6 ③	7 ④	8 ③
9 ④	10 ③		

09회 미니모의고사
본문 33~36쪽

1 ④	2 ⑤	3 ⑤	4 ④
5 ⑤	6 ①	7 ④	8 ⑤
9 ④	10 ③		

10회 미니모의고사
본문 37~40쪽

1 ④	2 ③	3 ⑤	4 ⑤
5 ④	6 ④	7 ①	8 ③
9 ③	10 ③		

11회 미니모의고사
본문 41~43쪽

1 ⑤	2 ④	3 ⑤	4 ④
5 ③	6 ④	7 ③	8 ⑤
9 ①	10 ③		

12회 미니모의고사
본문 44~47쪽

1 ④	2 ⑤	3 ②	4 ①
5 ③	6 ①	7 ①	8 ④
9 ②	10 ③		

13회 미니모의고사
본문 48~51쪽

1 ③	2 ⑤	3 ⑤	4 ⑤
5 ⑤	6 ①	7 ①	8 ⑤
9 ④	10 ⑤		

14회 미니모의고사
본문 52~55쪽

1 ⑤	2 ③	3 ②	4 ①
5 ⑤	6 ④	7 ④	8 ③
9 ③	10 ④		

01회 미니모의고사

본문 04~06쪽

1 ③	**2** ⑤	**3** ②	**4** ⑤
5 ⑤	**6** ①	**7** ③	**8** ②
9 ⑤	**10** ⑤		

1 자극에 대한 반응

문제분석 고무 망치로 무릎을 치면 무릎에 가해진 자극에 의해 발생한 흥분이 무릎 반사 경로를 통해 전달되어 다리가 올라간다. 이러한 현상은 생물의 특성 중 자극에 대한 반응에 해당한다.

정답찾기
③ 미모사의 잎을 건드렸을 때 잎이 오므라드는 것은 자극에 대한 반응에 해당한다.

오답피하기
① 효모가 유성 생식으로 분열하는 것은 생물이 자신과 닮은 자손을 만드는 생식에 해당한다.
② 심해 어류의 시각이 퇴화되어 있는 것은 빛이 도달하지 않는 심해 환경에 적응하여 진화한 결과이므로 적응과 진화에 해당한다.
④ 사람이 물을 많이 마시면 오줌의 양이 증가하는 것은 몸 안의 수분량을 조절하기 위한 항상성에 해당한다.
⑤ 나비의 유충이 번데기 시기를 거친 후 성충이 되는 것은 세포 분열과 분화를 통해 어린 개체가 성체로 자라는 것이므로 발생과 생장에 해당한다.

2 광합성과 세포 호흡

정답찾기
ㄱ. (가)는 광합성이 일어나는 엽록체, (나)는 세포 호흡에 관여하는 미토콘드리아이다. (가)에서 광합성 결과 포도당과 O_2가 생성되므로 ㉠은 포도당이고, ㉡은 광합성에 이용되는 CO_2이다.
ㄴ. (가)는 엽록체이다. 엽록체에서는 빛에너지가 화학 에너지로 전환되는 광합성이 일어난다.
ㄷ. (나)는 세포 호흡에 관여하는 미토콘드리아이다. 세포 호흡에서 포도당이 분해될 때 방출되는 에너지 중 일부는 ATP가 합성되는 데 이용된다.

3 한 지점에서의 막전위 변화와 이온 투과도

문제분석 (나)에서 P에 역치 이상의 자극을 주었을 때 ⓐ의 막 투과도가 ⓑ보다 먼저 변화하므로, ⓐ는 Na^+이고, ⓑ는 K^+이다. 어떤 뉴런에 역치 이상의 자극을 주었을 때 뉴런의 각 지점에서 나타나는 막전위는 분극 → 탈분극 → 재분극 순으로 변한다. 구간 Ⅰ은 재분극에 해당하는 막전위 변화이며, 이는 세포 안에서 세포 밖으로 K^+ 통로를 통해 K^+(ⓑ)이 확산되며 나타난다. 구간 Ⅱ는 분극 상태로 Na^+-K^+ 펌프에 의해 세포 안팎의 Na^+과 K^+의 농도 기울기가 형성된다. 분극, 탈분극, 재분극 상태일 때 세포 안팎에서 시기에 관계없이 Na^+(ⓐ)의 농도는 세포 밖에서가 세포 안에서보다 높고, K^+(ⓑ)의 농도는 세포 안에서가 세포 밖에서보다 높다.

정답찾기
ㄴ. 세포막을 경계로 형성된 Na^+의 농도는 분극, 탈분극, 재분극에 관계없이 항상 세포 밖에서가 세포 안에서보다 높다. 따라서 재분극이 일어나는 구간 Ⅰ에서 Na^+(ⓐ)의 농도는 세포 밖에서가 세포 안에서보다 높다.

오답피하기
ㄱ. 세포막을 통한 K^+의 막 투과도는 Na^+의 막 투과도보다 늦게 변화하므로 ⓐ는 Na^+이고, ⓑ는 K^+이다. K^+(ⓑ)의 막 투과도는 t_1일 때가 t_2일 때보다 낮다.
ㄷ. 구간 Ⅱ는 분극 상태로 Na^+-K^+ 펌프에 의해 세포 안팎의 Na^+과 K^+의 농도 기울기가 유지되고 있는 구간이다. 이때 ATP를 이용하는 Na^+-K^+ 펌프를 통해 Na^+(ⓐ)은 세포 안에서 세포 밖으로 이동하며, K^+(ⓑ)은 세포 밖에서 세포 안으로 이동한다.

4 알레르기

정답찾기
ㄱ. 비만 세포는 히스타민을 분비하여 알레르기 증상을 유발한다.
ㄴ. 꽃가루 X의 침입에 의해 항체 A가 생성되었고, 항체 A는 꽃가루 Y와 결합하는 것으로 보아 X와 Y는 모두 항체 A와 결합하는 부위를 가진다.
ㄷ. 항체에는 항원 결합 부위가 2군데 있으므로 항원이 최대 2개까지 결합할 수 있다.

5 염색체 비분리

문제분석 (가)~(라)의 염색체 구성을 분석하면, (가)$(n-1)$는 감수 2분열 전기 또는 중기 세포, (나)$(2n)$는 G_1기 세포, (다)$(n+1)$와 (라)(n)는 감수 분열이 끝난 생식세포이다. (가)와 (다)는 염색체 비분리가 일어난 결과 형성된 세포이다. (나)에서 다른 염색체는 모두 쌍을 이루므로 ⓐ는 색이 짙고 작은 염색체의 상동 염색체이다. (가)에는 색이 짙고 작은 염색체가 없으므로 염색체 비분리는 이 염색체에서 일어났고, (다)의 색이 짙고 작은 염색체와 색이 짙고 큰 염색체가 염색체 비분리의 결과 (다)에 함께 들어 있게 된 상동 염색체이며, 크기가 다르므로 성염색체이고, 감수 1분열에서 성염색체 비분리가 일어났다. 따라서 (다)의 ⓑ는 상염색체, ⓐ는 X 염색체이다. 감수 1분열에서 염색체 비분리가 일어나는 경우 최종적으로 생성되는 4개의 생식세포의 염색체 구성은 $n-1$이거나 $n+1$이고, 정상 염색체 수를 갖는 생식세포는 만들어지지 않으므로 (라)는 Ⅱ의 세포이다. (가)는 Ⅰ의 세포이므로 X 염색체와 Y 염색체가 모두 있는 수컷(XY)이다.

정답찾기
ㄴ. 염색체 구성이 n으로 정상 염색체 수를 갖는 (라)가 Ⅱ의 세포이므로 (나)는 Ⅰ의 세포이다.
ㄷ. (다)에 감수 1분열에서 분리되어야 할 X 염색체와 Y 염색체가 모두 있으므로 염색체 비분리는 감수 1분열에서 일어났다.

오답피하기
ㄱ. ⓐ는 X 염색체이다.

6 사람의 유전 형질

문제분석 ㉠과 ㉡은 단일 인자 유전 형질이고, ㉢은 다인자 유전 형질이다. P와 Q에서 ㉠~㉢의 표현형이 모두 같으므로 Q의 표현형은 A_Bb(2)이다(표현형에서의 숫자는 ㉢의 유전자형에서 대문자로 표시되는 대립유전자의 수이다.). P에서 형성되는 생식세포의 유전자형은 AB(1), Ab(0), aB(2), ab(1)의 4가지이므로 ⓐ에서 나타날 수 있는 ㉠~㉢의 표현형이 최대 15가지가 되기 위해서는 Q의 유전자 구성이 그림과 같아야 한다.

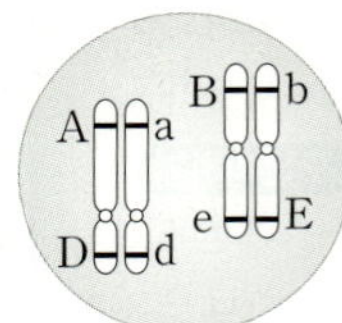

Q에서 형성되는 생식세포의 유전자형은 AB(1), Ab(2), aB(0), ab(1)이고, P와 Q 사이에서 ⓐ가 태어날 때, ⓐ에게서 나타날 수 있는 표현형은 다음 표와 같다.

정자＼난자	AB(1)	Ab(0)	aB(2)	ab(1)
AB(1)	A_BB(2)	A_Bb(1)	A_BB(3)	A_Bb(2)
Ab(2)	A_Bb(3)	A_bb(2)	A_Bb(4)	A_bb(3)
aB(0)	A_BB(1)	A_Bb(0)	aaBB(2)	aaBb(1)
ab(1)	A_Bb(2)	A_bb(1)	aaBb(3)	aabb(2)

정답찾기

ㄱ. Q는 A와 D(a와 d)가 함께 있는 염색체와 B와 e(b와 E)가 함께 있는 염색체를 가진다.

오답피하기

ㄴ. Q는 A와 D(a와 d)가 함께 있는 염색체를 가지므로 Q에서 A, b, d를 모두 가진 난자가 형성되지 않는다.

ㄷ. P와 Q에서 ㉠~㉢의 표현형은 모두 A_Bb(2)이므로 ⓐ에서 ㉠~㉢의 표현형이 모두 부모와 같을 확률은 $\dfrac{2}{16}=\dfrac{1}{8}$이다.

7 교감 신경과 부교감 신경

문제분석 심장에 연결된 Ⅱ의 신경절 이후 뉴런 말단에서 노르에피네프린이 분비되므로 Ⅱ는 교감 신경이고, ㉡은 척수, ㉠은 연수이다. ⓑ에 연결된 Ⅲ의 신경절 이전 뉴런의 신경 세포체는 척수에 있으므로 ⓑ는 방광, ⓐ는 위이다.

정답찾기

ㄱ. 위(ⓐ)와 소장은 모두 소화계에 속한다.

ㄴ. 척수(㉡)는 배변·배뇨 반사의 중추이다.

오답피하기

ㄷ. Ⅰ은 부교감 신경이고, Ⅰ과 Ⅲ의 신경절 이후 뉴런 말단에서 분비되는 신경 전달 물질이 서로 다르므로 Ⅲ은 교감 신경이다.

8 유전자 돌연변이

문제분석 (가)의 유전자형이 EE인 사람과 EF인 사람의 표현형이 같으므로 E는 F에 대해 완전 우성이다. 유전자형이 FG인 사람과 GG인 사람의 표현형이 같으므로 G는 F에 대해 완전 우성이다. (가)의 표현형은 최대 4가지이므로 E와 G는 F에 대해 각각 완전 우성(E, G＞F)이고, E와 G 사이의 우열 관계는 불분명(E＝G)하다. 유전자형이 ⓐⓑ인 남자 Ⅰ과 ⓑⓒ인 여자 Ⅱ 사이에서 태어나는 자녀 1이 가질 수 있는 유전자형은 ⓐⓑ, ⓑⓑ, ⓐⓒ, ⓑⓒ가 가능하며 (가)의 표현형이 최

대 3가지이므로 ⓑ는 F가 아니고, E와 G 중 하나이다. Ⅰ에서 ⓐ가 ⓒ로 변하는 돌연변이가 일어난 G_1기 세포로부터 형성된 정자와 Ⅱ에서 형성된 정상 난자의 수정으로 태어나는 자녀 2가 가질 수 있는 유전자형은 ⓑⓒ, ⓑⓑ, ⓒⓒ가 가능하며, 이 아이의 (가)의 표현형이 Ⅱ(ⓑⓒ)와 같을 확률이 $\dfrac{1}{2}$이므로 ⓐ는 F이고, ⓑ는 E(또는 G), ⓒ는 G(또는 E)이다.

정답찾기

② 유전자형이 ⓐⓒ인 남자와 ⓐⓑ인 여자 사이에서 아이가 태어날 때, 이 아이가 가질 수 있는 (가)의 유전자형은 FF(ⓐⓐ), FG(ⓐⓑ 또는 ⓐⓒ), EF(ⓐⓒ 또는 ⓐⓑ), EG(ⓑⓒ)이므로 이 아이의 (가)의 표현형이 ㉠(FG)과 같을 확률은 $\dfrac{1}{4}$이다.

9 생태계를 구성하는 요인

문제분석 생태계를 구성하는 생물적 요인과 비생물적 요인은 서로 영향을 주고받는다.

정답찾기

ㄱ. ⓐ에서 비생물적 요인에 의해 식물의 증산 작용이 활발하게 일어나므로 ⓐ는 비생물적 요인이 생물적 요인에 영향을 미치는 ㉠에 해당한다.

ㄴ. 버섯은 죽은 생물의 사체에 들어 있는 유기물을 무기물로 분해하여 에너지를 얻는다. 따라서 버섯은 분해자에 속한다.

ㄷ. 토끼풀은 생산자이자 토끼에게 먹히는 피식자이고, 토끼는 소비자이자 토끼풀을 먹는 포식자이다. 토끼풀의 수가 증가하면 토끼의 수가 증가하는 것은 생산자가 소비자에게 영향을 미치는 ㉡에 해당한다.

10 생물 다양성의 보전

정답찾기

ㄱ. 서식지 단편화로 인한 서식지 면적 감소는 그 서식지에 살아가는 생물의 종 수를 감소시키므로 생물 다양성이 감소한다. 따라서 서식지 단편화는 생물 다양성의 감소 원인에 해당한다.

ㄴ. 서식지 단편화가 일어나게 되면 실제 감소되는 면적이 작다고 하더라도 가장자리의 길이와 면적이 증가하게 되므로, 서식지 내부의 면적은 감소한다. 따라서 서식지 단편화로 인해 $\dfrac{\text{내부 면적}}{\text{가장자리 면적}}$은 감소한다.

ㄷ. 서식지 단편화 전 생물종은 5종(A, B, C, D, E)이고, 서식지 단편화 후에는 E가 멸종하여 생물종이 4종으로 감소하였다. 따라서 종 다양성은 서식지 단편화 전이 단편화 후보다 높다.

1 ⑤	**2** ①	**3** ④	**4** ①
5 ①	**6** ④	**7** ②	**8** ③
9 ⑤	**10** ④		

1 생명 과학의 탐구 방법

정답찾기

ㄱ. 실험 결과의 타당성을 높이기 위해 대조군을 설정하여 실험군과 비교하는 대조 실험을 해야 한다. I은 실험군, Ⅱ는 대조군이므로 자료에서 대조 실험이 수행되었다.

ㄴ. 조작 변인은 대조군과 달리 실험군에서 의도적으로 변화시키는 변인이고, 종속변인은 조작 변인의 영향을 받아 변하는 요인이다. 조작 변인은 A의 감염 여부이고, 종속변인은 B에서 천적을 유인하는 이상행동을 보이는 개체의 비율이다.

ㄷ. 이 실험에서 조작 변인은 A의 감염 여부이고, 종속변인은 B에서 천적을 유인하는 이상행동을 보이는 개체의 비율이므로 이 실험을 통해 'A에 감염된 B는 천적을 유인하는 이상행동을 보일 것이다.' 라는 가설을 검증할 수 있다.

2 골격근의 수축

문제분석 골격근이 수축하여 X의 길이가 $2d$만큼 감소할 때 ㉠의 길이는 d만큼 감소하고, ㉡의 길이는 d만큼 증가하며, ㉢의 길이는 $2d$만큼 감소한다. X의 길이는 $(2㉠+2㉡+㉢)$으로 표현된다. t_1일 때 ㉠의 길이를 $3x$ μm라고 하면 ㉡의 길이와 ㉢의 길이를 더한 값$(㉡+㉢)$은 $4x$ μm이다. 근육 원섬유 마디가 수축할 때 ㉠의 길이 감소량과 ㉡+㉢의 길이 감소량은 동일하므로 시간이 $t_1 \to t_2$로 흘러 골격근이 수축할 때 ㉠의 길이 감소량과 ㉡+㉢의 길이 감소량은 모두 x μm이다. 각 시점에 따른 X의 길이, ㉠의 길이, ㉡의 길이, ㉢의 길이를 정리하면 표와 같다.

시점	X의 길이	㉠의 길이	㉡의 길이	㉢의 길이
t_1	3.4 μm	$3x$ μm	$(2x-0.2)$ μm	$(0.2+2x)$ μm
t_2	$(3.4-2x)$ μm	$2x$ μm	$(3x-0.2)$ μm	0.2 μm

X의 길이$(2㉠+2㉡+㉢)$가 3.4 μm이므로 $x=0.3$이다. 따라서 t_1일 때 ㉠의 길이는 0.9 μm, ㉡의 길이는 0.4 μm, ㉢의 길이는 0.8 μm이고, t_2일 때 ㉠의 길이는 0.6 μm, ㉡의 길이는 0.7 μm, ㉢의 길이는 0.2 μm이다.

정답찾기

ㄴ. t_1일 때 A대의 길이$(2㉡+㉢)$는 1.6 μm이다.

오답피하기

ㄱ. 근육 섬유가 근육을 구성하는 세포이다.

ㄷ. t_2일 때 ㉠의 길이와 ㉡의 길이를 더한 값은 0.6+0.7=1.3 μm이다.

3 대사성 질환과 에너지 균형

정답찾기

ㄱ. 대사성 질환(㉠)은 물질대사 장애에 의해 발생하는 질환으로, 고혈압은 대사성 질환에 해당한다.

ㄷ. 체온(㉡)의 변화 감지와 조절 중추는 간뇌의 시상 하부이다.

오답피하기

ㄴ. (나)에서 생명 현상을 유지하는 데 필요한 최소한의 에너지양은 기초 대사량이며, 활동 대사량은 공부하기, 운동하기 등 다양한 생명 활동을 하면서 소모되는 에너지양이다. (다)에서 하루 동안 섭취한 음식물로부터 얻은 에너지양이 생활하는 데 사용한 에너지양보다 많은 상태가 지속되면 사용하고 남은 에너지가 체내에 축적되므로 체중이 증가하고 영양 과다 상태가 된다. 따라서 (가)~(다) 중 내용이 틀린 부분이 있는 것은 (나)와 (다)이다.

4 혈당량 조절

문제분석 혈중 포도당 농도가 증가할수록 인슐린의 분비량은 증가하고, 글루카곤의 분비량은 감소한다. 따라서 (가)에서 X는 글루카곤, Y는 인슐린이다. (나)에서 ㉠ 과정이 일어나면 혈당량이 증가하고, ㉡ 과정이 일어나면 혈당량이 감소하므로, 글루카곤(X)은 ㉠ 과정을, 인슐린(Y)은 ㉡ 과정을 촉진한다.

정답찾기

ㄱ. 글루카곤(X)은 글리코젠이 포도당으로 분해되는 과정(㉠)을 촉진시켜 혈당량을 증가시킨다.

오답피하기

ㄴ. 인슐린(Y)은 이자의 β세포에서 분비된다.

ㄷ. 인슐린(Y)의 혈중 농도가 높아지면 ㉡ 과정이 활발히 일어난다. 따라서 간에서 합성되는 글리코젠의 양은 구간 Ⅱ에서가 구간 I에서보다 많다.

5 특이적 방어 작용

정답찾기

ㄱ. (라)에서 Ⅶ이 생존한 것은 Ⅲ의 혈장에 Y에 대한 항체가 있기 때문이며, Ⅲ의 체내에 Y에 대한 항체가 형성된 것은 (나)에서 Ⅲ에 주사한 죽은 Y가 백신으로 작용하여 Ⅲ에서 Y에 대한 체액성 면역이 일어났기 때문이다. 따라서 ㉠은 '○'이다.

오답피하기

ㄴ. ⓐ(Ⅱ의 혈장)에는 X에 대한 항체는 있지만 X에 대한 형질 세포는 없다.

ㄷ. 혈장은 혈액에서 세포를 제외한 액체 성분이므로 Y에 대한 기억 세포는 없다. 따라서 (라)의 Ⅶ에서 Y에 대한 2차 면역 반응은 일어나지 않았다.

6 감수 분열

문제분석 (가)의 ⓐ에서 ㉡, ㉢의 DNA 상대량은 각각 2이고, ㉠, ㉣의 DNA 상대량은 각각 0이다. (나)에서 I에는 a가, Ⅱ에는 A가 있으므로 이 동물의 ㉰의 유전자형은 Aa이다. 그러므로 ⓐ의 핵상은 n이고, ㉡은 ㉢과 대립유전자가 아니다. ⓑ에서 ㉡의 DNA 상대량은 2이고, ㉠, ㉢, ㉣의 DNA 상대량은 각각 0이다. 그러므로 ⓑ의 핵상은 n이고, ㉡은 상염색체에 있다. ⓒ에서 ㉢과 ㉣의 DNA 상대량은 각각 1이고, ㉠과 ㉡의 DNA 상대량은 각각 0이다. 그러므로 ⓒ의 핵상은 n이고, ㉢은 ㉣과 대립유전자가 아니다. ㉠은 ㉢과 대립유전자, ㉡은 ㉣과 대립유전자이다. ㉡만 있는 (가)의 ⓑ는 (나)의 Ⅱ이고, ㉡은 A이다. 그러므로 ㉣은 a이다. I은 ⓒ이다. 이를 정리하면 다음과 같다.

세포	DNA 상대량을 더한 값			
	㉠(b)+㉡(A)	㉠(b)+㉣(a)	㉡(A)+㉢(B)	㉢(B)+㉣(a)
ⓐ	2(0+2)	?(0, 0+0)	4(2+2)	2(2+0)
ⓑ(Ⅱ)	?(2, 0+2)	0(0+0)	2(2+0)	0(0+0)
ⓒ(Ⅰ)	0(0+0)	1(0+1)	1(0+1)	?(2, 1+1)

정답찾기

ㄴ. 세포 Ⅰ은 ⓒ, 세포 Ⅱ는 ⓑ이다.

ㄷ. 핵상이 n인 세포 ⓑ에는 B와 b가 모두 없으므로 ㉯의 유전자는 성 염색체에 있다.

오답피하기

ㄱ. ㉠은 b, ㉡은 A, ㉢은 B, ㉣은 a이다.

7 물질의 생산과 소비

정답찾기

ㄴ. 순생산량은 총생산량에서 호흡량을 제외한 유기물의 양으로, 낙엽의 유기물량이 포함된다.

오답피하기

ㄱ. K의 호흡량은 총생산량에서 순생산량을 뺀 유기물의 양이다. 따라서 호흡량은 구간 Ⅰ에서가 구간 Ⅱ에서보다 작다.

ㄷ. 극상은 천이의 마지막 단계로 안정된 상태를 뜻한다. t_1일 때는 양수림에서 음수림으로 천이가 진행되는 과정의 한 시점이므로, K는 극상을 이루지 않는다.

8 군집 내 개체군 사이의 상호 작용

문제분석 두 종 모두 이익을 얻는 ㉠은 상리 공생, 두 종 모두 손해를 입는 ㉡은 종간 경쟁, 한 종은 이익을 얻고 다른 한 종은 손해를 입는 ㉢은 기생이다.

정답찾기

ㄱ. A만 서식할 때 A는 구간 Ⅰ~Ⅲ에서 모두 서식하지만, A와 B가 함께 서식할 때 A는 구간 Ⅲ에서 서식하지 못한다. 이는 경쟁·배타가 일어난 결과이므로 A와 B가 함께 서식할 때 구간 Ⅲ에서 종간 경쟁(㉡)이 일어났다.

ㄷ. 벼룩은 개의 몸에 기생하면서 영양분을 얻는다. 따라서 개와 벼룩 사이의 상호 작용은 기생(㉢)의 예에 해당한다.

오답피하기

ㄴ. 환경 저항은 개체군의 생장을 억제하는 요인으로 먹이 부족, 서식 공간 부족, 노폐물 축적, 질병 등이 있다. B만 서식한다고 하더라도 제한된 서식지와 먹이 등에 의해 개체군의 생장이 억제되므로 구간 Ⅱ에서 B만 서식할 때 B는 환경 저항을 받는다.

9 염색체 비분리와 다인자 유전

정답찾기

ㄴ. 아버지와 어머니의 유전자형에서 대문자로 표시되는 대립유전자의 수가 2이므로 유전자형은 AAbb, aaBB, AaBb 중 하나이다. ㉠은 아버지로부터 A 2개와 B 2개를, 어머니로부터 A 1개와 B 1개를 물려받았으므로 아버지와 어머니의 (가)의 유전자형은 AaBb로 같다.

ㄷ. 아버지와 어머니에서 모두 A와 B가 같은 염색체에 있고, a와 b가 같은 염색체에 있다. 따라서 ㉠의 동생에게서 나타날 수 있는 표현형은 대문자로 표시되는 대립유전자의 수가 0인 경우, 2인 경우, 4인 경우로 최대 3가지이다.

오답피하기

ㄱ. x가 0이거나 1이라면 자녀 1의 유전자형에서 대문자로 표시되는 대립유전자의 수가 4이거나 5일 수 없다. x가 3이라면 1의 유전자형에서 대문자로 표시되는 대립유전자의 수가 7이어야 하는데 염색체 비분리가 일어나더라도 부모 중 한 사람으로부터 ㉠에게 전달될 수 있는 대문자로 표시되는 대립유전자의 수가 최대 4이므로 x는 3이 아니다. 따라서 x는 2이다. ㉠은 아버지로부터 A 2개와 B 2개를 물려받았으므로 (가)를 결정하는 2쌍의 대립유전자는 같은 상염색체에 있다.

10 사람의 유전

정답찾기

ㄴ. 6에서 (나)가 발현되었으므로 (나)는 열성 형질이다. 3에서 (나)가 발현되지 않았지만 6에서 (나)가 발현되었으므로 (나)의 유전자는 상염색체에, (가)와 (다)의 유전자는 X 염색체에 있다. 5, 6, 7, 9 중 (다)가 발현된 사람은 1명이므로 (다)가 발현된 사람은 6이며, (다)는 열성 형질이다. (가)~(다)의 유전자형은 6이 $X^{Ad}X^{ad}bb$, 7이 $X^{aD}X^{ad}Bb$이므로 3이 $X^{ad}YBb$, 4가 $X^{Ad}X^{aD}bb$이다. 따라서 4의 (가)와 (다)의 유전자형은 모두 이형 접합성이다.

ㄷ. 8에서 (나)가 발현되지 않았고, 9에서 (가)와 (다)가 모두 발현되지 않았으므로 ⓐ의 유전자형은 $X^{aD}YBb$이다. 각 구성원의 유전자형은 그림과 같다.

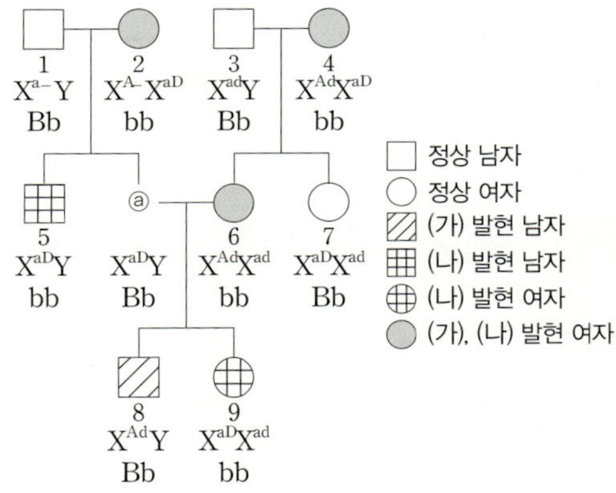

9의 동생이 태어날 때, 이 아이의 (가)와 (다)의 유전자형은 $X^{aD}X^{Ad}$, $X^{aD}X^{ad}$, $X^{Ad}Y$, $X^{ad}Y$ 중 하나이다. (가)와 (다) 중 한 가지 발현이면서 (나)가 정상일 확률은 $\frac{1}{4}(=\frac{1}{2}\times\frac{1}{2})$이고, (가)와 (다)가 모두 정상이면서 (나) 발현일 확률은 $\frac{1}{8}(=\frac{1}{4}\times\frac{1}{2})$이다. 따라서 이 아이에게서 (가)~(다) 중 한 가지 형질만 발현될 확률은 $\frac{3}{8}(=\frac{1}{4}+\frac{1}{8})$이다.

오답피하기

ㄱ. 6과 7의 (가)의 표현형이 서로 다르므로 ㉠은 A가 아니다. 5와 6의 (가)의 표현형이 서로 다르므로 ㉢은 A가 아니다. 따라서 ㉡이 A이고, (가)는 우성 형질이다. 6과 7의 (나)의 표현형이 서로 다르므로 ㉠은 B가 아니다. 따라서 ㉠은 d, ㉢은 B이다.

03 회 미니모의고사

1 ①	**2** ①	**3** ②	**4** ①
5 ③	**6** ④	**7** ④	**8** ①
9 ⑤	**10** ④		

1 바이러스의 특성

문제분석 (가)는 대장균, (나)는 박테리오파지이다.

정답찾기

ㄱ. 대장균(가)과 박테리오파지(나)는 모두 유전 물질인 핵산을 갖고 있다.

오답피하기

ㄴ. 생물인 대장균(가)은 세포로 구성되어 있지만, 바이러스인 박테리오파지(나)는 세포로 구성되어 있지 않다.

ㄷ. 대장균(가)은 독립적으로 물질대사를 하지만, 박테리오파지(나)는 독립적으로 물질대사를 하지 못한다.

2 세포 호흡과 생명 활동

문제분석 ㉠과 ㉡은 각각 O_2와 CO_2 중 하나라고 하였는데, 세포 호흡에서 O_2가 쓰이므로 ㉠은 O_2, ㉡은 CO_2이다.

정답찾기

ㄱ. ㉠은 O_2이다.

오답피하기

ㄴ. ADP는 ATP보다 1분자당 에너지양이 적다.

ㄷ. 근육 운동에는 ATP가 ADP와 무기 인산(P_i)으로 분해될 때 방출된 에너지가 사용된다. 그런데 과정 ⓐ에서는 에너지가 방출되지 않으므로 근육 운동에 이용되는 에너지가 공급되지 않는다.

3 골격근의 수축

문제분석 골격근이 수축하여 X의 길이가 $2d$만큼 감소할 때 ㉠의 길이는 $2d$만큼 감소하고, ㉡의 길이는 d만큼 증가하며, ㉢의 길이는 d만큼 감소한다. X의 길이는 (㉠+2㉡+2㉢)으로, A대의 길이는 (㉠+2㉡)으로 표현된다. t_1일 때 X의 길이(㉠+2㉡+2㉢)가 2.8 μm이고, A대의 길이(㉠+2㉡)가 1.6 μm이며, (㉠+㉡+㉢)이 1.8 μm이므로 ㉠의 길이는 0.8 μm, ㉡의 길이는 0.4 μm, ㉢의 길이는 0.6 μm이다. 시간이 t_1에서 t_2로 될 때 X의 길이가 0.4 μm 감소하므로 $d=0.2$ μm이다. 따라서 t_2일 때 ㉠의 길이는 0.4 μm, ㉡의 길이는 0.6 μm, ㉢의 길이는 0.4 μm이다.

정답찾기

ㄷ. $\dfrac{㉠의\ 길이+㉡의\ 길이}{㉠의\ 길이+㉢의\ 길이}$ 는 t_1일 때 $\dfrac{0.8+0.4}{0.8+0.6}=\dfrac{1.2}{1.4}=\dfrac{6}{7}$이고,

t_2일 때 $\dfrac{0.4+0.6}{0.4+0.4}=\dfrac{1.0}{0.8}=\dfrac{5}{4}$이다.

따라서 $\dfrac{㉠의\ 길이+㉡의\ 길이}{㉠의\ 길이+㉢의\ 길이}$ 는 t_1일 때가 t_2일 때보다 작다.

오답피하기

ㄱ. 골격근이 수축하여 X의 길이가 $2d$만큼 감소할 때 (㉠+㉡+㉢)도

$2d$만큼 감소한다. 따라서 ⓐ는 1.4이다.

ㄴ. 골격근이 수축하여 X의 길이가 $2d$만큼 감소할 때 ㉠의 길이도 $2d$만큼 감소하므로 X의 길이에서 ㉠의 길이를 뺀 값은 t_1일 때와 t_2일 때가 서로 같다.

4 무릎 반사

정답찾기

ㄱ. 무릎 반사가 일어날 때의 흥분 전달 경로는 A → 척수 → B이다. 따라서 A가 끊기면 무릎 반사도 일어나지 않는다.

오답피하기

ㄴ. B는 골격근에 연결되어 있으므로 체성 신경이다.

ㄷ. 무릎 반사, 회피 반사, 배변·배뇨 반사의 중추는 척수이다.

5 혈당량 조절

정답찾기

ㄱ. 당뇨병 환자 A에서 분비가 제대로 되지 않는 ⓐ는 인슐린(㉡)이다.

ㄴ. 글루카곤(㉠)은 간에서 글리코젠이 포도당으로 분해되는 과정을 촉진함으로써 혈당량을 증가시키는 호르몬이다.

오답피하기

ㄷ. 탄수화물 섭취 후 당뇨병 환자 A에서는 인슐린 분비가 정상적으로 일어나지 못하지만, 정상인에서는 정상적으로 분비된 인슐린(ⓐ, ㉡)으로 인해 높아진 혈당량이 다시 정상 범위로 낮아진다. 따라서 t_1일 때 혈중 포도당 농도는 정상인이 당뇨병 환자 A보다 낮다.

6 비특이적 방어 작용과 특이적 방어 작용

문제분석 항원 A와 B에 노출된 적이 없는 생쥐에게 백신 X를 접종하였을 때 항체 a가 생성되었고, 이후 A와 B를 주사하였을 때 항체 a의 생성이 신속하게 일어나고, 항체 b보다 항체 a의 생성량이 많으므로, 백신 X는 A에 대한 예방 효과를 갖는 것을 알 수 있다.

정답찾기

ㄴ. 백신 X는 A에 대한 예방 효과를 가지므로, 구간 Ⅰ에서 A에 대한 기억 세포가 형성되었다.

ㄷ. 구간 Ⅱ에서 항체 a와 b의 농도가 0이 아니므로 항원 A와 B에 대한 특이적 면역 반응이 모두 일어났다.

오답피하기

ㄱ. 세포독성 T림프구는 특이적 방어 작용 중 세포성 면역을 담당하는 세포이다. 따라서 세포독성 T림프구는 ⓐ에 해당하지 않는다.

7 염색체의 구조

문제분석 A는 DNA이다. 구간 Ⅰ에는 G_1기의 세포가, 구간 Ⅱ에는 S기의 세포가, 구간 Ⅲ에는 G_2기와 M기의 세포가 있다.

정답찾기

ㄴ. DNA(A)가 합성 중인 세포는 S기에 있으며 구간 Ⅱ에 있는 세포에 해당한다.

ㄷ. 염색 분체인 ㉠과 ㉡의 분리는 세포 분열 후기에 일어난다. 따라서 ㉠과 ㉡이 분리되는 세포는 구간 Ⅲ에 있는 세포에 해당한다.

오답피하기

ㄱ. 방추사가 형성되는 세포는 분열기(M)에 있는 세포로 구간 Ⅲ에 있
는 세포에 해당한다.

8 결실

정답찾기

ㄱ. ㉠이 2라고 가정하면 Ⅰ은 핵상이 $2n$인 세포이며, A와 B의 DNA
상대량이 2이고 a와 b의 DNA 상대량이 1이므로 Ⅰ은 a와 b가
포함된 염색체 부분에서 결실이 일어나 형성된 세포이거나, 염색
체 비분리로 A와 B가 포함된 염색체가 2개, a와 b가 포함된 염색
체가 1개인 세포이어야 하며, Ⅱ와 Ⅲ은 정상 세포이어야 한다. 하
지만 Ⅲ에서 A의 DNA 상대량이 2이고 b의 DNA 상대량이 1이
므로 Ⅲ은 정상 세포일 수 없으므로 ㉠은 2가 아니다. ㉠은 0이라고
가정하면 Ⅱ에 D와 d 중 하나의 DNA 상대량이 2이고 나머지 하
나의 DNA 상대량은 1이므로 Ⅱ는 결실이나 염색체 비분리 중 하
나가 일어나 형성된 세포이어야 한다. 또, Ⅰ에서 D와 d가 모두 없
으므로 Ⅰ은 결실이나 염색체 비분리 중 하나가 일어나 형성된 세포
이어야 한다. 따라서 ㉠은 1이다. ㉢이 2라고 가정하면 Ⅲ에서 B의
DNA 상대량은 2이고 b의 DNA 상대량은 1이므로 Ⅲ은 결실이
나 염색체 비분리 중 하나가 일어나 형성된 세포이어야 하고, Ⅰ과
Ⅱ는 모두 정상 세포이어야 한다. Ⅰ에 A와 a가 모두 있으므로 Ⅰ
의 핵상은 $2n$이다. Ⅱ에 D가 있으므로 핵상이 $2n$인 Ⅰ에는 D가 있
어야 하는데 Ⅰ에서 D의 DNA 상대량이 0이므로 ㉢은 2가 아니다.
따라서 ㉢은 0이고 ㉡은 2이다. Ⅱ에서 B의 DNA 상대량이 1이고
A와 d의 DNA 상대량이 각각 2이므로 ⓐ가 일어난 세포는 Ⅱ이
다. 정상 세포인 Ⅰ에서 D의 DNA 상대량이 0이고 d의 DNA 상
대량이 1이므로 D와 d는 X 염색체에 있으며 P는 남자이다.

오답피하기

ㄴ. Ⅱ에서 a가 없으므로 Ⅱ는 핵상이 n인 세포이다. 감수 2분열이 완
료되기 전의 세포라고 가정하면 B의 DNA 상대량이 1이므로 Ⅱ는
결실이 일어나 형성된 세포이다. 감수 2분열이 완료된 세포라고 가
정하면 A와 d의 DNA 상대량이 각각 2이므로 Ⅱ는 염색체 비분
리가 상염색체와 성염색체에서 각각 1회씩 일어나 형성된 세포이어
야 한다. 따라서 ⓐ는 결실이다.

ㄷ. P의 (가)와 (나)에 대한 유전자형은 AaBb이다. 핵상이 n인 Ⅱ에서
는 A와 B가 함께 있고, 핵상이 n인 Ⅲ에서는 A와 b가 함께 있으므
로 (가)의 유전자와 (나)의 유전자는 다른 염색체에 있다.

9 개체군 사이의 상호 작용

문제분석 아카시아는 개미에게 양분과 서식지를 제공하고 개미는 아
카시아로부터 초식 곤충을 쫓아냄으로써 서로 도움을 주는 상리 공생
관계에 있다.

정답찾기

ㄱ. ⓐ(초식 곤충)는 아카시아의 포식자이며 개미는 초식 곤충의 포식으
로부터 아카시아를 보호한다.

ㄴ. ㉠은 ㉡에 비해 아카시아의 성장이 빠르므로 ㉠은 개미가 있는 경우
이다.

ㄷ. 아카시아와 개미는 서로 이익을 얻으므로 아카시아와 개미 사이의
상호 작용은 상리 공생이다.

10 상염색체 유전과 성염색체 유전

문제분석 ㉠과 ㉡의 유전자형에서 대문자로 표시되는 대립유전자의
수를 더한 값이 제시되어 있고, 이를 통해 5는 ㉠의 유전자형이 aa, ㉡
의 유전자형에서 대문자로 표시되는 대립유전자가 없음을 알 수 있다.
5가 정상이므로 A는 ㉠ 발현 대립유전자, a는 정상 대립유전자이고,
㉠은 우성 형질이다. 또한, 6은 ㉠과 ㉡의 유전자형에서 대문자로 표시
되는 대립유전자의 수를 더한 값이 7이므로 ㉠의 유전자형이 AA이거
나 Aa인데, AA라면 1(아버지)에서 ㉠이 발현되어야 하지만 1(아버
지)은 정상이므로 6의 ㉠의 유전자형은 Aa이다. A와 a가 X 염색체
에 있다면 1은 X^aY, 2는 X^AX^a, 3은 X^AY, 4는 X^aX^a, 5는 X^aY, 6은
X^AX^a이므로 구성원 1~6 각각에서 체세포 1개당 A의 DNA 상대량
을 더한 값은 3, 체세포 1개당 a의 DNA 상대량을 더한 값은 6이 되
어 주어진 조건에 부합하지 않는다. 따라서 A와 a는 상염색체에 있다.
㉡을 결정하는 데 관여하는 3개의 유전자 중 1개는 ㉠의 유전자와 같은
염색체에 있고, 다른 2개의 유전자는 성염색체에 있으므로 ㉡을 결정하
는 데 관여하는 유전자 중 1개는 상염색체에, 다른 2개는 X 염색체에
함께 있다. 6에서 ㉡을 결정하는 데 관여하는 유전자 중 대문자로 표시
되는 대립유전자의 수를 더한 값이 6이므로 유전자형이 BBDDEE임
을 알 수 있고, 이 중 X 염색체에 함께 있는 4개의 대문자로 표시되는
대립유전자는 2개씩 부모로부터 물려받았다. 나머지 가족 구성원의 대
문자로 표시되는 대립유전자의 수를 더한 값과 구성원 1~6 각각에서
체세포 1개당 D와 d의 DNA 상대량을 더한 값은 모두 짝수라는 조건
을 통해 D/d가 A/a와 함께 상염색체에 있음을 알 수 있다.

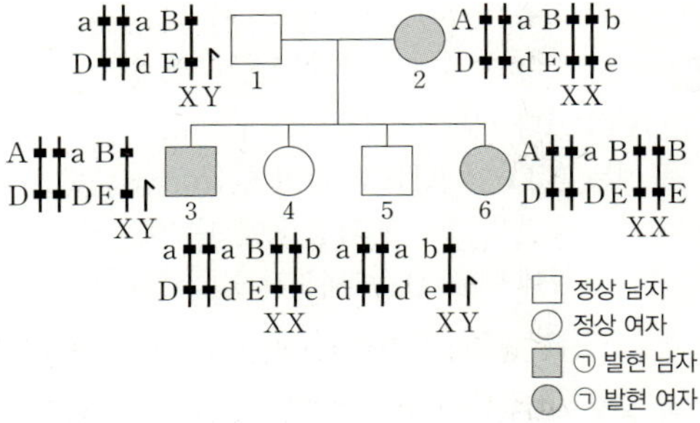

정답찾기

ㄴ. $\dfrac{3,\ 4\ \text{각각의 체세포 1개당 B, d, E의 DNA 상대량을 더한 값}}{1,\ 2\ \text{각각의 체세포 1개당 B, d, E의 DNA 상대량을 더한 값}}$ 은 $\dfrac{5}{6}$ 이므
로 1보다 작다.

ㄷ. 6의 여동생이 태어날 때, 이 아이에게서 나타날 수 있는 ㉡의 표현
형은 최대 5가지이다.

구분	BDE(3)	BdE(2)
BDE(3)	6	5
bDe(1)	4	3
BdE(2)	5	4
bde(0)	3	2

오답피하기

ㄱ. 3은 아버지로부터 a와 D를 물려받았다.

1 ①	**2** ①	**3** ②	**4** ③
5 ③	**6** ⑤	**7** ④	**8** ③
9 ⑤	**10** ①		

1 연역적 탐구 방법

정답찾기

ㄱ. 이 실험의 조작 변인은 파래의 제거 여부이고, 종속변인은 돌가사리의 개체 수이다.

오답피하기

ㄴ. 파래를 제거하지 않고 그대로 둔 B 구역에서가 파래를 제거한 A 구역에서보다 서식하는 돌가사리의 개체 수가 적은 것으로 보아 파래는 돌가사리의 정착을 억제시킨다는 것을 알 수 있다.

ㄷ. 개체군은 일정한 지역에서 같은 종의 개체들이 무리를 이루어 생활하는 집단이다. 따라서 (라)의 B 구역에 서식하는 파래와 돌가사리는 서로 다른 개체군을 이룬다.

2 노폐물의 생성과 제거

문제분석 지방이 세포 호흡에 사용된 결과 생성되는 노폐물에는 물과 이산화 탄소가 있고, 단백질이 세포 호흡에 사용된 결과 생성되는 노폐물에는 물, 이산화 탄소, 암모니아가 있다. 그러므로 지방과 단백질 중 하나의 영양소에서만 발생하는 (가)는 암모니아, 콩팥과 폐 모두에서 몸 밖으로 배출되는 (다)는 물이다. 그러므로 (나)는 이산화 탄소이다. 이산화 탄소가 몸 밖으로 배출되는 기관인 ㉠은 폐이므로, ㉡은 콩팥이다.

정답찾기

ㄴ. 세포 호흡 결과 암모니아와 이산화 탄소 중 이산화 탄소만 생성되는 Ⅱ는 단백질과 지방 중 지방이다. 지방은 소화계에서 지방산과 모노글리세리드로 분해된다.

오답피하기

ㄱ. 포도당이 세포 호흡에 사용된 결과 생성되는 노폐물에는 이산화 탄소(나)와 물(다)이 있고, 암모니아(가)는 단백질이 세포 호흡에 사용된 결과 생성되는 노폐물이다.

ㄷ. 콩팥(㉡)은 배설계에 속한다.

3 말이집 뉴런과 흥분의 전도

문제분석 흥분이 짧은 거리를 이동하는 데 많은 시간이 걸리는 구간 Ⅰ은 활동 전위의 발생을 통해 흥분이 이동하는 말이집에 싸여 있지 않은 랑비에 결절 부분이고, 흥분이 긴 거리를 이동하는 데 적은 시간이 걸리는 구간 Ⅱ는 활동 전위의 발생 없이 흥분이 이동하는 말이집에 싸여 있는 부분이다.

정답찾기

ㄴ. Ⅱ에서가 Ⅰ에서보다 흥분이 동일한 거리를 짧은 시간에 이동하므로 흥분 이동 속도는 Ⅱ에서가 Ⅰ에서보다 빠르다.

오답피하기

ㄱ. 교감 신경은 2개의 뉴런으로 구성된다. 말이집 신경인 X는 교감 신경의 신경절 이전 뉴런이다. 따라서 X의 축삭 돌기 말단에서 분비

되는 신경 전달 물질은 아세틸콜린이다.

ㄷ. P로부터의 거리가 d_1인 지점은 말이집으로 싸여 있는 구간 Ⅱ에 위치한다. 따라서 이 지점에서는 활동 전위가 발생하지 않는다.

4 교감 신경과 부교감 신경

문제분석 교감 신경이 흥분하면 혈압이 높아지고, 부교감 신경이 흥분하면 혈압이 낮아진다. 따라서 ⓐ는 교감 신경, ⓑ는 부교감 신경이고, ㉠은 분당 심장 박동 수, ㉡은 소화 작용에 의한 침 분비이다.

정답찾기

ㄱ. 평균 동맥 압력이 낮을수록 X의 흥분 발생 빈도가 증가하여 평균 동맥 압력을 높이려는 반응이 일어난다. 따라서 X는 교감 신경(ⓐ)이다.

ㄴ. 소화 작용에 의한 침 분비(㉡)의 반응 중추는 연수이다.

오답피하기

ㄷ. 소장에 연결된 부교감 신경(ⓑ)의 신경절 이후 뉴런 말단에서는 아세틸콜린이 분비된다.

5 삼투압 조절

문제분석 (가)에서 X는 뇌하수체 후엽에서 분비되는 항이뇨 호르몬(ADH)이다. (나)에서 물을 섭취하면 혈장으로 물이 흡수되므로 혈장 삼투압이 낮아지고, 혈장 삼투압이 낮아지면 혈중 ADH 농도가 감소하며, 그로 인해 단위 시간당 오줌 생성량은 증가하고 오줌 삼투압은 낮아진다.

정답찾기

ㄱ. ADH(X)는 콩팥에 작용하여 수분 재흡수를 촉진하는 호르몬이므로, 콩팥은 ADH(X)의 표적 기관이다.

ㄴ. t_1일 때가 t_2일 때보다 오줌 삼투압이 높으므로 혈중 ADH(X)의 농도는 t_1일 때가 t_2일 때보다 높다.

오답피하기

ㄷ. t_3일 때가 t_2일 때보다 오줌 삼투압이 낮으므로 단위 시간당 오줌 생성량은 t_3일 때가 t_2일 때보다 많다.

6 항원 항체 반응의 특이성과 2차 면역 반응

문제분석 Y가 침입했을 때 ㉡에 대한 2차 면역 반응이 일어났으므로 ㉡은 병원체 X와 Y가 모두 가진 항원 A이며, ㉠은 항원 C, ㉢은 항원 B이다.

정답찾기

ㄱ. 항원 ㉠은 항원 C이다.

ㄴ. 한 종류의 형질 세포는 한 종류의 항체를 생산하므로, 항원 ㉡과 ㉢에 대한 항체는 서로 다른 형질 세포에서 생성된다.

ㄷ. 비특이적 방어 작용은 감염 발생 시, 병원체의 종류나 감염 경험의 유무와 관계없이 일어나므로, 구간 Ⅰ과 Ⅱ에서 모두 비특이적 방어 작용이 일어난다.

7 감수 분열

문제분석 세포 Ⅱ와 Ⅲ은 중기의 세포이므로 Ⅱ와 Ⅲ의 DNA 상대량 ㉡~㉣은 0, 2, 4를 순서 없이 나타낸 것이고, 세포 Ⅰ의 DNA 상대량

㉠은 1이다. 세포 Ⅰ~Ⅲ 모두에서 D가 모두 같은 값이므로 ㉡은 0이다. 세포 Ⅱ와 Ⅲ의 B의 값이 같으므로 ㉣은 2이다. 따라서 ㉢은 4이다. Ⅰ은 생식세포, Ⅱ는 감수 1분열 중기의 세포, Ⅲ은 감수 2분열 중기의 세포이다. 세포 Ⅰ~Ⅲ의 A, B, D, d의 DNA 상대량은 표와 같다.

세포	DNA 상대량			
	A	B	D	d
Ⅰ	㉠(1)	㉡(0)	㉡(0)	㉠(1)
Ⅱ	㉢(4)	㉣(2)	㉡(0)	㉣(2)
Ⅲ	㉣(2)	㉣(2)	㉡(0)	㉡(0)

정답찾기

ㄱ. ㉣은 2이다.

ㄷ. ⓐ의 유전자는 상염색체에 있고, 감수 1분열 중기의 세포(Ⅱ)에서 A의 DNA 상대량이 4이며, B의 DNA 상대량이 2이므로 P의 ⓐ의 유전자형은 AABb이다.

오답피하기

ㄴ. Ⅰ에서 A의 DNA 상대량이 1이고, Ⅱ와 Ⅲ은 B가 있는데 Ⅰ에서 B의 DNA 상대량이 0, d의 DNA 상대량이 1인 것으로 보아 Ⅰ은 생식세포이다.

8 천이

문제분석 2차 천이는 초원 → 관목림 → 양수림 → 혼합림 → 음수림의 순서로 진행되므로 ㉠은 양수림, ㉡은 음수림, ㉢은 관목림이다.

정답찾기

ㄱ. (나)에서 가장 먼저 피도가 증가하는 ⓐ는 관목림(㉢)의 우점종이고, ⓑ는 양수림(㉠)의 우점종이며, ⓒ는 음수림(㉡)의 우점종이다.

ㄴ. 이 식물 군집의 평균 높이는 음수림이 출현한 t_2일 때가 관목림이 출현한 t_3일 때보다 높다.

오답피하기

ㄷ. 양수림의 우점종(ⓑ)은 음수림의 우점종(ⓒ)보다 빛의 세기가 약한 조건에서 더 잘 생장하지 못한다.

9 돌연변이

문제분석 중기의 세포인 ㉡은 각 대립유전자의 DNA 상대량이 2 또는 0이므로 Ⅰ은 ㉡이다. Ⅰ에서 E의 DNA 상대량이 2인데 E의 DNA 상대량이 0인 Ⅱ와, F와 f가 상염색체에 있는데 F와 f의 DNA 상대량을 더한 값이 1인 Ⅳ는 각각 ㉢과 ㉣ 중 하나이다. 따라서 Ⅲ은 ㉠이다. G_1기 세포인 ㉠에서 F의 DNA 상대량이 2이므로 ㉠의 (가)의 유전자형은 EeFFGg이며, f를 갖는 Ⅱ는 F(ⓐ)가 f(ⓑ)로 변하는 돌연변이가 일어나 형성된 세포이다. ㉣은 ㉡(Ⅰ)이 분열하여 생성된 세포이므로 Ⅳ가 ㉣이며, Ⅱ가 ㉢이다. Ⅳ는 E와 e를 모두 가지므로 ㉮에서 E와 e가 있는 상동 염색체가 비분리되어 Ⅰ(㉡)이 형성되었다. 이를 정리하여 표를 나타내면 다음과 같다.

구분	DNA 상대량					
	E	e	F	f	G	g
Ⅰ (㉡)	2	?(2)	2	?(0)	0	?(2)
Ⅱ (㉢)	0	?(0)	?(0)	1	1	?(0)
Ⅲ (㉠)	?(1)	1	2	?(0)	?(1)	1
Ⅳ (㉣)	?(1)	1	1	0	?(0)	1

정답찾기

ㄴ. ⓑ는 f이다. ㉢(Ⅱ)은 F(ⓐ)가 f(ⓑ)로 변하는 돌연변이가 일어나 형성된 세포이므로 ㉢(Ⅱ)에는 ⓑ(f)가 있다.

ㄷ. $\dfrac{\text{E, G의 DNA 상대량을 더한 값}}{\text{e, f의 DNA 상대량을 더한 값}}$ 은 Ⅲ에서 $\dfrac{2}{1}$이고, Ⅳ에서 $\dfrac{1}{1}$이므로 Ⅲ에서가 Ⅳ에서의 2배이다.

오답피하기

ㄱ. ㉠의 (가)의 유전자형은 EeFFGg이다.

10 다인자 유전

문제분석 유전자형이 AaBbDd인 부모 사이에서 ⓐ가 태어날 때, ⓐ에게서 나타날 수 있는 표현형은 최대 7가지라고 하였으므로 상염색체에 있는 3쌍의 대립유전자 A와 a, B와 b, D와 d가 모두 서로 다른 염색체에 있거나, 부모 모두에서 2쌍의 대립유전자가 대문자는 대문자끼리, 소문자는 소문자끼리 같은 염색체에 있을 수 있다. ⓐ의 유전자형이 aabbDd일 확률은 $\dfrac{1}{32}$이라고 하였는데, 2쌍의 대립유전자가 대문자는 대문자끼리(A와 B), 소문자는 소문자끼리(a와 b) 같은 염색체에 있는 경우 ⓐ의 유전자형이 aabbDd일 확률은 $\dfrac{1}{4} \times \dfrac{1}{2} = \dfrac{1}{8}$이므로 조건에 부합하지 않는다.
따라서 (가)는 모두 서로 다른 상염색체에 있는 3쌍의 대립유전자 A와 a, B와 b, D와 d에 의해 결정되는 다인자 유전을 따른다.

정답찾기

ㄱ. (가)를 결정하는 3쌍의 대립유전자 A와 a, B와 b, D와 d는 모두 서로 다른 상염색체에 있다.

오답피하기

ㄴ. 유전자형이 AaBbDd인 사람에서 형성될 수 있는 생식세포가 A, B, D를 모두 가질 확률은 $\dfrac{1}{2} \times \dfrac{1}{2} \times \dfrac{1}{2} = \dfrac{1}{8}$이다.

ㄷ. 유전자형이 AaBbDd인 사람에서 형성될 수 있는 생식세포의 유전자형은 ABD, ABd, AbD, aBD, Abd, aBd, abD, abd이다. 표는 유전자형이 AaBbDd인 부모 사이에서 태어나는 아이가 가질 수 있는 대문자로 표시되는 대립유전자의 수를 나타낸 것이고, 음영은 대문자로 표시되는 대립유전자의 수가 부모(3)와 같은 경우이다.

구분	ABD	ABd	AbD	aBD	Abd	aBd	abD	abd
ABD	6	5	5	5	4	4	4	3
ABd	5	4	4	4	3	3	3	2
AbD	5	4	4	4	3	3	3	2
aBD	5	4	4	4	3	3	3	2
Abd	4	3	3	3	2	2	2	1
aBd	4	3	3	3	2	2	2	1
abD	4	3	3	3	2	2	2	1
abd	3	2	2	2	1	1	1	0

ⓐ의 표현형이 부모와 같을 확률이 $\dfrac{5}{16}$이므로 부모와 다를 확률은 $1 - \dfrac{5}{16} = \dfrac{11}{16}$이다.

본문 18~21쪽

1 ③	**2** ⑤	**3** ①	**4** ①
5 ③	**6** ②	**7** ③	**8** ⑤
9 ①	**10** ③		

1 생물의 특성

문제분석 (가)는 적응과 진화, (나)는 항상성이다.

정답찾기

ㄱ. 가랑잎벌레의 몸의 형태가 주변의 잎과 비슷하여 포식자의 눈에 띄지 않는 것은 적응과 진화에 해당한다.

ㄷ. 개구리의 수정란이 올챙이를 거쳐 개구리가 되는 것은 발생과 생장에 해당한다.

오답피하기

ㄴ. 항이뇨 호르몬(ADH)의 분비 조절 중추는 간뇌의 시상 하부이다.

2 기관계의 통합적 작용

문제분석 A에 속하는 기관의 예가 이자이므로 A는 소화계이다. 몸 밖에서 B로 O_2가 들어가고, B에서 몸 밖으로 물질의 이동이 있으므로 B는 호흡계이고, B에 속하는 기관의 예인 ㉠은 폐이다. C에서 몸 밖으로 물질이 나가고 몸 밖에서 C로 들어오는 물질은 없으므로 C는 배설계이고, C에 속하는 기관의 예인 ㉡은 콩팥이다.

정답찾기

ㄱ. A는 소화계로, 지방이 지방산과 모노글리세리드로 분해된다.

ㄴ. 폐(㉠)에는 폐포가 있다.

ㄷ. 콩팥(㉡)에서 물과 요소와 같은 노폐물을 포함하는 오줌이 생성된다.

3 골격근의 수축 원리

문제분석 X의 구조에서 ㉠의 길이를 x, ㉡ 중 액틴 필라멘트와 마이오신 필라멘트가 겹치는 부분의 길이를 y, H대의 길이를 z라 하면 표에서 t_1일 때의 값을 바탕으로 다음의 3가지 식을 얻을 수 있다.

$2x+2y+z=2.6$ ··· ①
$2y+z-x=1.1$ ··· ②
$y=0.7$ ··· ③

이 방정식을 풀면 $x=0.5$, $y=0.7$, $z=0.2$를 구할 수 있다.
그리고 t_2일 때 마이오신 필라멘트와 액틴 필라멘트가 겹치는 부분(㉡ $-$H대)의 길이가 0.4 μm로 t_1일 때보다 0.3 μm 감소하였으므로 X의 길이는 0.6 μm 늘어난 3.2 μm가 되고, ㉠의 길이는 0.3 μm 늘어난 0.8 μm가 되므로 A대$-$㉠은 0.3 μm 감소한 0.8 μm가 된다.
이를 바탕으로 표를 완성하면 다음과 같다.

(단위: μm)

시점	X의 길이	A대$-$㉠	㉡$-$H대
t_1	2.6	1.1	0.7
t_2	ⓐ(3.2)	ⓑ(0.8)	0.4

정답찾기

ㄱ. ⓐ=3.2, ⓑ=0.8이므로 ⓐ+ⓑ=4.0이다.

오답피하기

ㄴ. 위의 방정식에서의 미지수 x는 ㉠의 길이로 t_1일 때 0.5 μm이다.

ㄷ. t_1일 때 X의 길이는 2.6 μm이고, t_2일 때 X의 길이는 3.2 μm로 t_1일 때가 t_2일 때보다 골격근은 수축한 상태이다. 따라서 ㉡의 길이는 t_1일 때가 t_2일 때보다 짧다.

4 삼투압 조절

정답찾기

ㄱ. ADH의 분비 조절 중추는 간뇌의 시상 하부이다.

오답피하기

ㄴ. 평상시와 다른 물 섭취에 의해 혈중 ADH 농도가 낮아져 콩팥에서 물의 재흡수량이 감소했으므로 평상시와 다른 물 섭취는 '평상시보다 많은 양의 물 섭취'이다.

ㄷ. t_2일 때는 t_1일 때보다 혈중 ADH 농도가 낮아 단위 시간당 오줌 생성량이 많으므로 오줌의 삼투압은 t_2일 때가 t_1일 때보다 낮다.

5 특이적 방어 작용

정답찾기

ㄱ. ㉠은 보조 T 림프구, ㉡은 기억 세포, ㉢은 형질 세포이다.

ㄴ. 구간 Ⅰ에서 X에 대한 항체와 X가 반응하는 항원 항체 반응이 일어난다.

오답피하기

ㄷ. 구간 Ⅱ에서 기억 세포(㉡)가 형질 세포(㉢)로 분화되며, 형질 세포(㉢)에서 X에 대한 항체가 분비된다.

6 염색체와 유전자

문제분석 DNA가 복제된 상태인 G_2기 세포가 갖는 각 대립유전자의 DNA 상대량은 0, 2, 4 중 하나이다. 따라서 A와 D는 각각 ㉠과 ㉡ 중 하나이고, B와 C는 각각 Ⅰ의 G_2기 세포와 Ⅱ의 G_2기 세포 중 하나이다.

정답찾기

ㄴ. A에는 R와 r가 없고, D에는 R가 1개 있고, r가 없다. B에는 R가 2개 있고 r가 없으며, C에는 R와 r가 각각 2개 있다. 따라서 R와 r는 X 염색체에 있고, Ⅰ은 암컷, Ⅱ는 수컷이다.

오답피하기

ㄱ. 생식세포인 A와 D에는 각각 T가 1개 있고, t가 없으므로 t가 2개 있는 C는 Ⅰ의 G_2기 세포이고, B는 Ⅱ의 G_2기 세포이다. B는 DNA가 복제된 G_2기 세포이므로 ⓐ는 4이다.

ㄷ. A에는 R와 r가 모두 없으므로 Y 염색체가 있고, 수컷의 생식세포이다. 따라서 A는 ㉡, D는 ㉠이다.

7 복대립 유전과 다인자 유전

정답찾기

③ 3의 동생 ㉠이 태어날 때, ㉠에게서 나타날 수 있는 표현형은 최대 16가지이므로 ㉠에게서 나타날 수 있는 (가)의 표현형은 최대 4가지이고 (나)의 표현형은 최대 4가지이다. 또한 ㉠의 (나)의 유전자형이 EF일 수 있으므로 1과 2의 (나)의 유전자형은 각각 DE와 DF 중 하나이다. ㉠은 유전자형이 AABB인 사람과 같은 표현형을 가

질 수 있으므로 1과 2는 모두 A와 B를 모두 갖고 있다. 따라서 1 과 2의 (가)의 유전자형에서 대문자로 표시되는 대립유전자의 수는 각각 2, 3, 4 중 하나이다. 1과 2 중 1명의 (가)의 유전자형에서 대 문자로 표시되는 대립유전자의 수가 4라면 ㉠에게서 나타날 수 있 는 (가)의 표현형은 최대 4가지가 될 수 없다. 따라서 1과 2의 (가) 의 유전자형에서 대문자로 표시되는 대립유전자의 수는 각각 2와 3 중 하나이다. 1의 (가)의 유전자형이 AaBb, 2의 (가)의 유전자형 이 AABb일 경우에 ㉠의 (가)의 유전자형에서 대문자로 표시되는 대립유전자의 수는 표와 같다.

구분	AB	Ab	aB	ab
AB	4	3	3	2
Ab	3	2	2	1

따라서 ㉠의 (가)의 유전자형에서 대문자로 표시되는 대립유전자 의 수가 3일 확률은 $\frac{3}{8}$이다. 1과 2의 (나)의 유전자형은 각각 DE 와 DF 중 하나이므로, ㉠의 (나)의 유전자형이 DD일 확률은 $\frac{1}{4}$ 이다. 따라서 ㉠이 유전자형이 AaBBDD인 사람과 동일한 (가)와 (나)의 표현형을 가질 확률은 $\frac{3}{32}\left(=\frac{3}{8}\times\frac{1}{4}\right)$이다.

8 염색체 비분리

문제분석 아버지에서 대문자로 표시되는 대립유전자의 수가 3이고, 어머니에서 대문자로 표시되는 대립유전자의 수가 1이므로 자녀 3은 정상 생식세포의 수정으로는 태어날 수 없다. 자녀 1에서 대문자로 표 시되는 대립유전자의 수가 4이므로 자녀 1의 (가)에 대한 유전자형은 AaBbDD이고, 자녀 3의 (가)에 대한 유전자형은 AABBDD이다.

정답찾기

ㄱ. 아버지에서 A와 D가 같은 염색체에 있다면 (가)에 대한 유전자 형이 AaBbdd인 자녀 2는 태어날 수 없다. 아버지에서 A와 d 가 같은 염색체에 있다면 (가)에 대한 유전자형이 AaBbDD인 자 녀 1은 태어날 수 없다. 아버지에서 B와 D가 같은 염색체에 있 다면 (가)에 대한 유전자형이 AaBbdd인 자녀 2는 태어날 수 없 다. 아버지에서 B와 d가 같은 염색체에 있다면 (가)에 대한 유전 자형이 AaBbDD인 자녀 1은 태어날 수 없다. 따라서 아버지 에서 A와 B는 같은 염색체에 있으며, A와 D는 다른 염색체에 있다.

ㄴ. 자녀 3에서 대문자로 표시되는 대립유전자의 수가 6이려면 아버지 에서 A와 B가 같이 있는 염색체에서 비분리가 일어나 유전자형이 AABBD인 정자와 어머니에서 염색체 비분리가 일어나 유전자형 이 D인 난자가 형성된 후 이 정자와 난자가 수정되어 자녀 3이 태 어나야 한다. 따라서 ⓑ의 형성 과정 중 염색체 비분리는 감수 2분 열에서 일어났다.

ㄷ. 정상 정자와 정상 난자의 수정으로 태어날 수 있는 자녀의 유전자형 을 나타내면 다음과 같다.

정상 난자 \ 정상 정자	ABD	ABd	abD	abd
abD	AaBbDD	AaBbDd	aabbDD	aabbDd
abd	AaBbDd	AaBbdd	aabbDd	aabbdd

자녀에서 대문자로 표시되는 대립유전자의 수는 4, 3, 2, 1, 0이 가

능하다. 따라서 3의 동생이 태어날 때, 이 아이에게서 나타날 수 있 는 (가)에 대한 표현형은 최대 5가지이다.

9 방형구법

문제분석 상대 밀도(%)$=\dfrac{\text{특정 종의 밀도}}{\text{모든 종의 밀도 총합}}\times100$

$=\dfrac{\text{특정 종의 개체 수}}{\text{모든 종의 개체 수 총합}}\times100$이다. 개체 수가 A>D>B 순이므로 상대 밀도도 A>D>B 순이다. 따라서 ㉡이 상대 밀도이고, ㉠과 ㉢ 이 상대 빈도와 상대 피도 중 하나이다. 개체 수가 64일 때 A의 상대 밀도가 32 %이므로 B의 상대 밀도는 25 %, D의 상대 밀도는 27 % 이고, C의 상대 밀도는 16 %이다.

빈도$=\dfrac{\text{특정 종이 출현한 방형구 수}}{\text{조사한 방형구 총수}}$이고,

상대 빈도(%)$=\dfrac{\text{특정 종의 빈도}}{\text{모든 종의 빈도 총합}}\times100$이다.

A와 C가 출현한 방형구 수가 같으므로 A와 C의 상대 빈도도 같아야 한다. 따라서 ㉠은 상대 빈도, ㉢은 상대 피도이다. A와 C가 출현한 방 형구 수를 x라고 가정하면 $\dfrac{x}{2x+18+22}\times100=25(\%)$이다. 따라서 x는 20이다.

상대 피도(%)$=\dfrac{\text{특정 종의 피도}}{\text{모든 종의 피도 총합}}\times100$이다. A~D의 상대 밀도, 상대 빈도, 상대 피도를 구하면 표와 같다.

(단위: %)

종	A	B	C	D
㉠(상대 빈도)	25	?(22.5)	25	ⓐ(27.5)
㉡(상대 밀도)	32	ⓑ(25)	?(16)	27
㉢(상대 피도)	26.5	?(21)	20	32.5

정답찾기

ㄱ. ㉠은 상대 빈도, ㉡은 상대 밀도, ㉢은 상대 피도이다.

오답피하기

ㄴ. ⓐ는 27.5이고, ⓑ는 25이다. 따라서 ⓐ+ⓑ=52.5이다.

ㄷ. 중요치는 상대 밀도, 상대 빈도, 상대 피도를 모두 더한 값이다. A 의 중요치는 83.5, B의 중요치는 68.5, C의 중요치는 61, D의 중 요치는 87이다. 따라서 중요치가 가장 높은 종은 D이다.

10 질소 순환과 탄소 순환

문제분석 A는 뿌리혹박테리아, B는 식물, C는 동물이고, (가)는 질 소 고정, (나)는 탈질산화 작용, (다)는 단백질이 세포 호흡을 통해 분해 되는 과정이다. X는 탄소의 이동, Y는 질소의 이동이다.

정답찾기

ㄱ. (가)는 질소 고정으로 뿌리혹박테리아에 의해 일어난다.

ㄴ. B는 대기 중의 CO_2를 흡수하여 탄소 동화 작용을 하고, 뿌리혹박 테리아에 의해 형성된 NH_4^+과 이로부터 파생된 NO_3^-을 흡수하여 질소 동화 작용을 하는 생산자인 식물이다.

오답피하기

ㄷ. C(동물)에 의해서 단백질이 세포 호흡을 통해 분해되어 CO_2가 생 성되는 (다)는 일어나지만, 탈질산화 작용인 (나)는 일어나지 않는 다. (나)는 탈질산화 세균의 작용으로 일어난다.

1 ④	2 ⑤	3 ②	4 ⑤
5 ⑤	6 ⑤	7 ③	8 ⑤
9 ①	10 ④		

1 과학의 탐구 방법

문제분석 (가)에서는 여러 개별적인 사실로부터 결론을 이끌어 내므로 귀납적 탐구 방법이 이용되었고, (나)에서는 문제에 대한 잠정적인 해답(가설)을 설정하고 이를 대조 실험으로 검증하려고 하였으므로 연역적 탐구 방법이 이용되었다.

정답찾기
ㄴ. ㉠은 대조군과 실험군에서 모두 일정하게 유지하는 통제 변인이므로 독립변인에 해당한다.
ㄷ. 가설을 설정하고, 가설 검증을 위해 대조 실험이 실행되었으므로 (나)에 연역적 탐구 방법이 이용되었다.

오답피하기
ㄱ. 연역적 탐구 방법이 이용된 (나)에서 대조 실험이 수행되었다.

2 기관계의 통합적 작용

문제분석 소화된 영양소가 근육 세포에 공급(과정 Ⅰ)되는 데 관여하는 기관계는 소화계와 순환계이고, 산소가 흡수되어 근육 세포에 공급(과정 Ⅱ)되는 데 관여하는 기관계는 순환계와 호흡계이다. 근육 세포에서 생성된 물이 몸 밖으로 배출(과정 Ⅲ)되는 데 관여하는 기관계는 배설계, 순환계, 호흡계이고, 근육 세포에서 생성된 암모니아가 요소로 전환(과정 Ⅳ)되는 데 관여하는 기관계는 소화계와 순환계이다.

정답찾기
ㄱ. 산소(㉠)는 세포 호흡에서 포도당을 산화시키는 데 이용된다.
ㄴ. 이산화 탄소는 호흡계(C)에서 날숨을 통해 몸 밖으로 배출된다.
ㄷ. 순환계(D)는 과정 Ⅰ, Ⅱ, Ⅲ, Ⅳ에 모두 관여한다.

3 골격근의 수축

문제분석 t_1일 때 ㉠의 길이가 $1.0\ \mu m$이고, t_2일 때 ㉠의 길이가 $0.7\ \mu m$이므로 t_1에서 t_2가 될 때 ㉠의 길이가 $0.3\ \mu m$ 감소했다. 그러므로 t_2일 때 ㉡은 t_1일 때보다 $0.3\ \mu m$ 증가했고, ㉢은 t_1일 때보다 $0.6\ \mu m$ 감소했다. 그 결과 ㉡의 길이와 ㉢의 길이를 더한 값(㉡+㉢)은 $1.6\ \mu m$에서 $0.3\ \mu m$ 감소한 $1.3\ \mu m$이다. t_3일 때 ㉡의 길이와 ㉢의 길이를 더한 값(㉡+㉢)이 $1.1\ \mu m$이므로 t_2일 때보다 $0.2\ \mu m$ 감소하였다. t_3일 때 X의 길이가 $2.8\ \mu m$이고, ㉠의 길이가 $0.5\ \mu m$이므로 A대의 길이는 $1.8\ \mu m$이다. ㉡+㉢이 $1.1\ \mu m$이므로 ㉡의 길이는 $0.7\ \mu m$, ㉢의 길이는 $0.4\ \mu m$이다. 이를 정리하면 다음과 같다.

(단위: μm)

시점	X의 길이	㉠의 길이	㉡의 길이	㉢의 길이	㉡+㉢
t_1	?(3.8)	1.0	0.2	1.4	1.6
t_2	?(3.2)	0.7	0.5	0.8	?(1.3)
t_3	2.8	?(0.5)	0.7	0.4	1.1

정답찾기
ㄷ. t_1일 때 X의 길이는 $3.8\ \mu m$, t_2일 때 X의 길이는 $3.2\ \mu m$이므로 $\dfrac{t_2일\ 때\ X의\ 길이}{t_1일\ 때\ X의\ 길이}$ 는 $\dfrac{16}{19}$이다.

오답피하기
ㄱ. t_1일 때 ㉡의 길이는 $0.2\ \mu m$이다.
ㄴ. t_2일 때 ㉢의 길이는 $0.4\ \mu m$이다.

4 중추 신경계와 자율 신경

문제분석 A는 대뇌, B는 연수, C는 소뇌이며, 자율 신경에는 중추 신경계와 반응 기관 사이에 하나의 신경절이 존재한다.

정답찾기
ㄴ. 대뇌(A)의 겉질은 신경 세포체가 모인 회색질이다.
ㄷ. 심장에 연결된 부교감 신경의 신경 세포체는 연수(B)에 존재한다.

오답피하기
ㄱ. 부교감 신경의 작용으로 심장 박동이 억제된다. 부교감 신경은 신경절 이전 뉴런이 신경절 이후 뉴런보다 길다. 따라서 ㉠은 신경절 이전 뉴런이고, ⓑ에 신경절이 있다.

5 병원체의 종류

문제분석 천연두의 병원체인 X는 바이러스이고, 결핵의 병원체인 Y는 세균이다.

정답찾기
ㄱ. 바이러스는 세포 구조를 갖지 않으므로 독립적으로 물질대사를 하지 못하고, 살아 있는 숙주 세포 내에서만 증식이 가능하다. 따라서 ⓐ는 '×'이다.
ㄴ. Y와 ㉠을 함께 처리한 Ⅳ에서는 Y가 증식하지 못했지만, Y와 ㉡을 함께 처리한 Ⅴ에서는 Y가 증식했다. 따라서 ㉠은 항생제이고, ㉡은 항바이러스제이다. 항생제(㉠)는 세균성 질병의 치료에 사용한다.
ㄷ. 세균은 원핵세포로 이루어진 원핵생물이므로 Y는 세포막을 갖는다.

6 감수 분열

문제분석 (가)는 감수 분열 동안 핵 1개당 DNA 양 변화의 일부를 나타낸 것이고, (나)는 감수 1분열 중기의 세포이다. Ⅰ 시기는 G_1기를, Ⅱ 시기는 G_2기, 감수 1분열 전기, 중기, 후기와 말기의 일부를, Ⅲ 시기는 감수 2분열을 포함한다.

정답찾기
ㄴ. 염색체와 염색사에는 DNA가 히스톤 단백질을 감아 형성된 뉴클레오솜이 있으므로, Ⅰ 시기의 세포에는 히스톤 단백질이 있다.
ㄷ. Ⅰ 시기 세포의 핵상과 Ⅱ 시기 세포의 핵상은 모두 $2n$이다.

오답피하기
ㄱ. 2가 염색체가 세포 중앙에 배열된 (나)는 감수 1분열 중기의 세포이므로 감수 1분열 중기 세포(나)는 Ⅱ 시기에 관찰된다.

7 감수 분열과 유전자의 DNA 상대량 변화

문제분석 구간 Ⅰ에는 G_1기의 세포가, 구간 Ⅱ에는 감수 1분열 중기의 세포가, 구간 Ⅲ에는 감수 2분열 중기의 세포가, 구간 Ⅳ에는 생식세포가 있다. ⓒ가 1일 경우 ⊙과 ⓔ이 모두 G₁기 세포가 되고, ⓒ가 2일 경우 ⊙과 ⓔ이 모두 감수 1분열 중기의 세포가 되므로 ⓒ는 0이다. F와 f를 모두 갖지 않는 ⊙과 ⓔ은 감수 2분열 중기의 세포와 생식세포 중 하나이다. ⓐ가 2이고 ⓑ가 1일 경우, ⓛ과 ⓔ이 모두 감수 1분열 중기의 세포가 될 수 없어서 모순이 되므로 ⓐ가 1이고 ⓑ가 2이다. 따라서 ⓛ이 G₁기의 세포, ⓔ이 감수 1분열 중기의 세포, ⊙이 감수 2분열 중기의 세포, ⓒ이 생식세포이다. F와 f를 모두 갖지 않는 세포가 있으므로 이 사람은 남자이고, F와 f는 성염색체인 X 염색체와 Y 염색체 중 하나에만 있으며, E와 e, G와 g는 상염색체에 있다.

세포	DNA 상대량					
	E	e	F	f	G	g
⊙(Ⅲ)	0	2	0	0	2	0
ⓛ(Ⅰ)	0	2	1	0	1	1
ⓒ(Ⅳ)	0	1	0	0	0	1
ⓔ(Ⅱ)	0	4	2	0	2	2

ㄱ. 이 사람의 (가)의 유전자형은 eeGgX^{F}Y 또는 eeGgXY^{F}이며, G₁기 세포인 ⓛ은 구간 Ⅰ에서 관찰된다.

ㄴ. ⓔ의 $\dfrac{\text{e의 DNA 상대량}}{\text{F의 DNA 상대량}+\text{G의 DNA 상대량}}=\dfrac{4}{2+2}=1$이다.

ㄷ. ⊙에는 eeGG가 있고, ⓒ에는 eg가 있으므로, ⊙과 ⓒ이 1개의 G₁기 세포로부터 생식세포가 형성되는 과정에서 모두 나타나려면 ⊙과 ⓒ 중 하나에는 F가 있고 나머지 하나에는 F가 없어야 한다. 그러나 ⊙과 ⓒ 모두 F가 없으므로 ⊙과 ⓒ은 서로 다른 G₁기 세포로부터 생식세포가 형성되는 과정에서 나타나는 세포이다.

8 염색체 구조 이상

 (가)에 대해 정상인 1과 2 사이에서 (가)가 발현되면서 D*를 가지는 3이 태어났다. 따라서 D는 정상 대립유전자, D*는 (가) 발현 대립유전자이며, (가)는 열성 형질이다.

ㄴ. 3은 (가)가 발현되었으므로 (가)에 대한 유전자형은 D*D*이다.

ㄷ. 가계도 구성원의 (가)와 ABO식 혈액형에 대한 유전자형을 나타내면 다음과 같다.

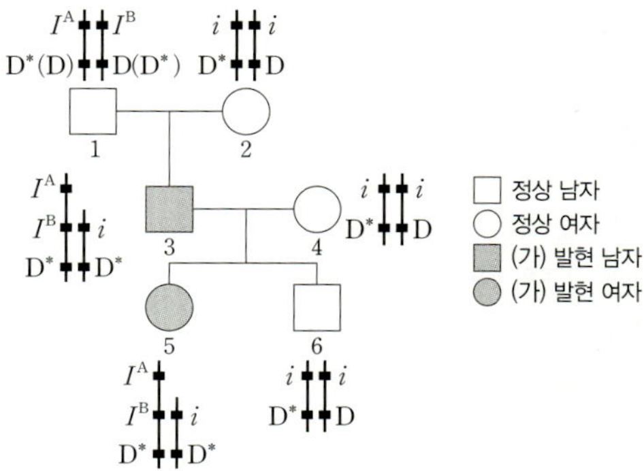

6의 동생이 태어날 때, 이 아이의 ABO식 혈액형과 ⊙의 유전자형은 $I^AI^BD^*/iD^*$, $I^AI^BD^*/iD$, iD^*/iD^*, iD^*/iD가 가능하므로 이 아이의 혈액형이 AB형이면서 (가)가 발현되지 않을 유전자형은

$I^AI^BD^*/iD$인 1가지이다.

ㄱ. 3의 9번 상동 염색체 쌍에는 ABO식 혈액형을 결정하는 유전자가 3개이다. 3은 염색체에서 유전자가 반복되어 나타나는 중복이 일어나 형성된 정자의 수정으로 태어났다.

9 생태계 구성 요소 사이의 상호 관계

 ⊙은 개체군 내의 상호 작용, ⓛ은 개체군 사이의 상호 작용, ⓒ은 생물적 요인이 비생물적 요인에 미치는 영향, ⓔ은 비생물적 요인이 생물적 요인에 미치는 영향이다.

ㄱ. 지렁이가 토양층에 틈을 만들어 토양의 통기성이 증가하는 것은 ⓒ(생물적 요인이 비생물적 요인에 미치는 영향)에 해당한다.

ㄴ. 뿌리혹박테리아는 생물적 요인에 속하는 분해자에 해당한다.

ㄷ. 은어의 개체마다 일정한 공간을 점유하는 것은 개체군 내의 상호 작용 중 텃세이므로, ⊙에 해당한다.

10 생태계 평형

 ⊙은 Ⅲ, ⓛ은 Ⅱ, ⓒ은 Ⅰ이다.

ㄴ. 1차 소비자의 피식량 증가는 Ⅲ(⊙)이 Ⅱ(ⓛ)로 되는 원인에 해당한다.

ㄷ. Ⅱ(ⓛ)가 Ⅰ(ⓒ)로 되는 과정에서 2차 소비자의 에너지양은 감소한다.

ㄱ. ⊙은 1차 소비자가 증가한 결과 2차 소비자도 증가하고, 생산자가 감소하므로 ⊙은 Ⅲ이다.

07회 미니모의고사

1 ③	2 ④	3 ⑤	4 ④
5 ④	6 ③	7 ③	8 ④
9 ③	10 ①		

1 생물의 특성

문제분석 (가)는 생물의 특성 중 유전의 예이고, (나)는 자극에 대한 반응의 예이다.

정답찾기

ㄱ. (가)에서 어머니의 형질이 아들에게 전달되었으므로 (가)는 유전의 예에 해당한다.

ㄴ. 뜨거운 물체에 닿는 것(㉠)은 자극에 해당하고, 반사적으로 팔을 들어 올리는 행동은 반응에 해당한다.

오답피하기

ㄷ. (나)는 뜨거운 물체를 피하는 무의식적인 반응으로 반응 중추가 척수이다.

2 기관계의 통합적 작용

문제분석 A는 호흡계, B는 순환계, C는 배설계이고, Ⅰ은 콩팥, Ⅱ는 심장, Ⅲ은 기관지이다.

정답찾기

ㄴ. 호흡계(A)를 통해 이산화 탄소가 몸 밖으로 배출된다.

ㄷ. 심장(Ⅱ)에 교감 신경과 부교감 신경이 모두 연결되어 있다. '교감 신경이 연결되어 있다.'는 ⓐ에 해당한다.

오답피하기

ㄱ. 콩팥(Ⅰ)은 배설계(C)에 속한다.

3 흥분의 전도

문제분석 X의 Ⅳ에서의 막전위는 $+30\,\mathrm{mV}$이고 Y의 Ⅳ에서의 막전위는 $-80\,\mathrm{mV}$이므로 흥분 전도 속도가 빠른 Y가 A이고, X가 B이다. 자극을 동시에 준 A와 B의 지점 d_1에서의 막전위는 서로 같으므로 d_1은 Ⅰ, Ⅱ, Ⅲ 중 하나이고, A와 B에서 흥분의 전도가 각각 1회 일어났는데 같은 시점에 다른 위치에서 $-80\,\mathrm{mV}$와 $+30\,\mathrm{mV}$가 나타날 수는 없으므로 d_1은 Ⅱ이고, A와 B의 d_1에서의 막전위는 모두 $-70\,\mathrm{mV}$이다. 자극을 준 지점에 가까운 지점일수록 막전위 변화가 더 많이 진행되어 있으므로 B(X)에서 d_1은 Ⅱ($-70\,\mathrm{mV}$), d_2는 Ⅰ($-80\,\mathrm{mV}$), d_3은 Ⅳ($+30\,\mathrm{mV}$), d_4는 Ⅴ($-60\,\mathrm{mV}$), d_5는 Ⅲ($-70\,\mathrm{mV}$)이고, B의 흥분 전도 속도는 $1\,\mathrm{cm/ms}$이다. A(Y)의 d_1(Ⅱ)에서의 막전위가 $-70\,\mathrm{mV}$, d_3(Ⅳ)에서의 막전위가 $-80\,\mathrm{mV}$, d_5(Ⅲ)에서의 막전위가 $+30\,\mathrm{mV}$이므로 A의 흥분 전도 속도는 $2\,\mathrm{cm/ms}$이다.

정답찾기

ㄴ. A(Y)의 흥분 전도 속도는 $2\,\mathrm{cm/ms}$이고, B(X)의 흥분 전도 속도는 $1\,\mathrm{cm/ms}$이다.

ㄷ. ㉠이 $5\,\mathrm{ms}$일 때는 B의 Ⅲ에 흥분이 도달한 후 $1\,\mathrm{ms}$가 지난 시점이므로 탈분극이 일어나고 있다.

오답피하기

ㄱ. Ⅰ은 d_2, Ⅱ는 d_1, Ⅲ은 d_5, Ⅳ는 d_3, Ⅴ는 d_4이다.

4 교감 신경과 부교감 신경

문제분석 신경절 이전 뉴런이 길고 신경절 이후 뉴런이 짧은 자율 신경은 부교감 신경, 신경절 이전 뉴런이 짧고 신경절 이후 뉴런이 긴 자율 신경은 교감 신경이다. 위와 연결된 부교감 신경은 연수에서 뻗어 나오고, 교감 신경은 척수에서 뻗어 나온다. 그러므로 ㉠은 부교감 신경의 신경절 이전 뉴런, ㉡은 교감 신경의 신경절 이전 뉴런이고, A는 연수, B는 척수이다.

정답찾기

ㄴ. 자극을 주었을 때 위 내부의 pH가 감소하므로 자극을 준 신경은 부교감 신경이다. 그러므로 (나)에서 자극을 준 뉴런은 부교감 신경의 신경절 이전 뉴런(㉠)이다.

ㄷ. ㉡은 교감 신경의 신경절 이전 뉴런이다. ㉡에 역치 이상의 자극을 주면 위 운동이 억제되므로 위의 소화 작용이 억제된다.

오답피하기

ㄱ. 위와 연결된 부교감 신경은 연수에서 뻗어 나오므로 A는 연수이다.

5 병원체의 특징

문제분석 감기의 병원체는 바이러스, 무좀의 병원체는 곰팡이, 말라리아의 병원체는 원생생물이다. 감기와 무좀은 모두 접촉을 통해 감염되고, 말라리아는 매개 곤충에 의해 감염된다. 따라서 (가)는 말라리아, (나)는 감기, (다)는 무좀이다.

정답찾기

ㄱ. 말라리아(가)는 모기를 매개로 삼아 말라리아 원충에 감염되어 발생한다.

ㄷ. 무좀(다)은 곰팡이에 의해 피부에 발생하는 질병이다.

오답피하기

ㄴ. 감기(나)의 병원체는 바이러스이며, 바이러스는 살아 있는 숙주 세포 내에서 증식할 수 있다.

6 감수 분열과 유전자의 DNA 상대량 변화

문제분석 (나)에서 DNA 상대량이 H가 1일 경우 ㉡이 0, ㉢이 3인데, 유전자의 DNA 상대량이 3인 경우는 모순이므로 H는 0, ㉡은 1, ㉢은 2이고, (나)는 G_1기의 세포이다. H는 0, ㉢은 2이므로 H는 ㉢과 대립유전자이고 ㉢이 h이며, ㉠과 ㉡은 R와 r를 순서 없이 나타낸 것이다. 따라서 이 사람의 ㉤의 유전자형은 hhRr이다. (가)는 생식세포이고, (가)에서 H가 0이므로 ㉠이 1이고, h인 ㉢이 1이므로 ㉡은 0이다.

정답찾기

ㄷ. ⓐ는 1, ⓑ는 0, ⓒ는 1이므로 ⓐ+ⓑ+ⓒ=2이다.

오답피하기

ㄱ. H는 ㉢과 대립유전자이다.

ㄴ. 이 사람의 ㉤의 유전자형은 hhRr이다.

7 상염색체 유전과 성염색체 유전

문제분석 2는 ㉠에 대해 정상이고 유전자형이 AA이므로 A는 정상 대립유전자, A*는 ㉠ 발현 대립유전자이다. 5는 ㉠이 발현되었으므로

A*가 있고 2로부터 A를 물려받았다. 따라서 ㉠의 유전자형이 AA*이며, A와 A*는 상염색체에 있다. 1의 ㉠의 유전자형이 AA*인데 ㉠이 발현되었으므로 ㉠은 우성 형질이다. 3과 4는 모두 B*의 DNA 상대량이 1인데 ㉡의 표현형이 다르므로 B와 B*는 성염색체에 있다. ㉡이 발현되지 않은 4의 ㉡의 유전자형이 BB*이므로 ㉡은 열성 형질이며, B는 정상 대립유전자, B*는 ㉡ 발현 대립유전자이다.

정답찾기

ㄱ. ㉠은 우성 형질이다.

ㄷ. ㉠의 유전자형은 6이 AA이고, 7이 AA*이다. 6과 7 사이에서 태어난 아이에게서 ㉠이 발현될 확률은 $\frac{1}{2}$이다. ㉡의 유전자형은 6이 $X^B X^{B^*}$이고, 7이 $X^B Y$이므로 ㉡이 발현되지 않을 확률은 $\frac{3}{4}$이다. 따라서 6과 7 사이에서 아이가 태어날 때, 이 아이에게서 ㉠과 ㉡ 중 ㉠만 발현될 확률은 $\frac{1}{2} \times \frac{3}{4} = \frac{3}{8}$이다.

오답피하기

ㄴ. 5는 ㉡이 발현되었으므로 ㉡의 유전자형이 $X^{B^*} Y$이고 ⓐ는 1이다. 6은 ㉠이 발현되지 않았으므로 ㉠에 대한 유전자형이 AA이고 ⓑ는 0이다. 7은 ㉠이 발현되었고 3과 4가 동형 접합성이므로 ㉠의 유전자형이 AA*이고 ⓒ는 1이다. 따라서 ⓐ+ⓑ+ⓒ=2이다.

8 유전자 돌연변이

문제분석　(가)가 발현되지 않은 아버지와 어머니 사이에서 (가)가 발현된 자녀 2가 태어났으므로 (가)는 열성 형질이다. 자녀 2와 (나)의 표현형이 Ⅳ인 남자((나)의 유전자형이 FF) 사이에서 (나)의 표현형이 Ⅰ인 아이가 태어났으므로 자녀 2의 (나)의 표현형은 Ⅰ과 Ⅲ 중 하나이다. 자녀 2의 (나)의 표현형이 Ⅲ이라면 자녀 1의 (가)의 유전자형이 동형 접합성이기 위해서는 아버지의 (나)의 유전자형이 DD또는 EE이어야 한다. 하지만 아버지의 (나)의 유전자형이 이형 접합성이므로 자녀 2의 (나)의 표현형은 Ⅰ이며, 어머니와 아버지 중 한 명의 (나)의 유전자형은 DE이다. 어머니와 아버지 중 한 명에서 (나)의 유전자형이 FF라면 자녀 1의 (나)의 표현형이 ㉠이 될 수 없다. 따라서 어머니와 아버지의 (나)의 유전자형은 각각 DE와 EF 중 하나이다. 자녀 1의 (가)의 유전자형은 동형 접합성이고, (나)의 표현형이 아버지와 같으므로 아버지의 유전자형은 RrEF(RE/rF), 어머니의 유전자형은 RrDE(RE/rD)이며, 가족 구성원의 염색체에 유전자를 나타내면 다음과 같다.

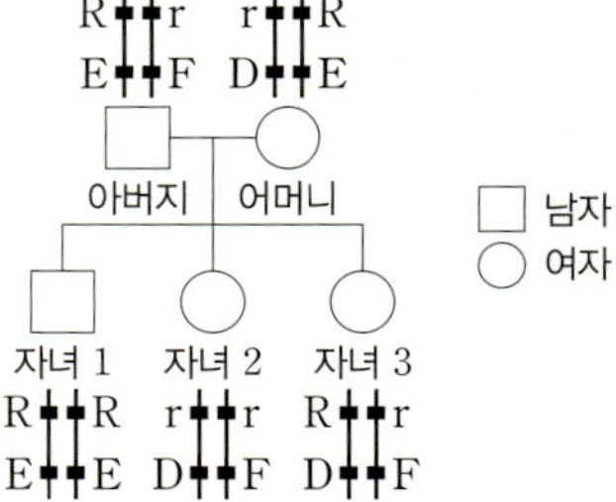

정답찾기

ㄴ. 자녀 1의 (나)의 유전자형은 EE이므로 동형 접합성이다.

ㄷ. 자녀 3의 동생이 태어날 때, 이 아이의 유전자형은 RrDE, RREE, rrDF, RrEF 중 하나이므로 이 아이에게서 (가)와 (나)의 표현형이 자녀 1과 같을 확률은 $\frac{1}{2}$이다.

오답피하기

ㄱ. 자녀 3의 (나)의 표현형이 ㉢인데 (가)가 발현되지 않았으므로 ⓐ는 r, ⓑ는 R이다.

9 천이

문제분석　습성 천이는 습한 곳(호수, 연못 등)에서 시작되며, 빈영양호에 유기물과 퇴적물이 쌓여 습원(습지)이 형성되고 초원을 거쳐 진행된다. (가)에서 A는 관목림, B는 양수림, C는 음수림이며, (나)에서 ㉠은 양수림의 우점종, ㉡은 음수림의 우점종이다.

정답찾기

ㄷ. 우점종의 평균 키는 B(양수림)에서가 A(관목림)에서보다 크다.

오답피하기

ㄱ. 호수에서 시작되었으므로 이 지역에서 일어난 천이는 습성 천이이다.

ㄴ. 시간이 지남에 따라 B(양수림)에서 C(음수림)로 천이가 진행되었으므로 ㉠은 B(양수림)의 우점종이다.

10 생물 군집

문제분석　총생산량은 호흡량과 순생산량을 합한 값이다. A는 순생산량, B는 호흡량, C는 생장량, ㉠은 순생산량, ㉡은 생장량이다.

정답찾기

ㄱ. 순생산량이 생장량보다 유기물량이 많으므로 ㉠은 순생산량이며 (가)의 A에 해당한다.

오답피하기

ㄴ. 생산자의 피식량은 1차 소비자(초식 동물)의 섭식량에 해당한다. 초식 동물의 호흡량은 생산자의 피식량(C)에 포함된다.

ㄷ. (나)에서 '순생산량(㉠)－생장량(㉡)＝고사·낙엽량＋피식량'이며, 식물 군집의 피식량과 고사·낙엽량의 비율은 일정하다. 따라서 ㉠－㉡은 t_2일 때가 t_1일 때보다 작으므로 이 식물 군집에서 고사·낙엽량은 t_2일 때가 t_1일 때보다 작다.

08회 미니모의고사

1 ③	2 ⑤	3 ④	4 ①
5 ④	6 ③	7 ④	8 ③
9 ③	10 ③		

1 바이러스의 구조와 특성

정답찾기

ㄱ. 바이러스는 돌연변이가 일어나 새로운 형질이 나타나면서 환경에 적응하고 진화하기도 한다. '살충제를 살포하면 살충제 저항성 모기가 증가한다.'는 생물의 특성 중 적응과 진화의 예에 해당한다.

ㄷ. 바이러스는 숙주 세포 내에서만 증식할 수 있다.

오답피하기

ㄴ. 바이러스는 단백질 껍질 속에 유전 물질인 핵산이 들어 있는 구조로 되어 있으므로 ⓐ는 단백질이다.

2 대사성 질환

문제분석 A는 고지혈증(고지질 혈증), B는 고혈압, C는 당뇨병이다. ㉠은 콜레스테롤, ㉡은 포도당이다.

정답찾기

ㄴ. B는 혈압이 만성적으로 높은 질환이므로 고혈압이다.

ㄷ. 물질대사의 이상으로 발생하는 질환인 고지혈증(A), 고혈압(B), 당뇨병(C)은 모두 대사성 질환에 속한다.

오답피하기

ㄱ. 고지혈증(고지질 혈증)은 혈액에 콜레스테롤(㉠)과 중성 지방 등이 정상보다 많은 상태이다. 따라서 ㉠은 콜레스테롤이다.

3 흥분의 전도

문제분석 d_1에 역치 이상의 자극을 주고 4 ms가 지난 시점에서의 막전위를 측정할 때 흥분 전도 속도가 2 cm/ms인 신경에서는 각 지점에서의 막전위가 d_1에서 -70 mV, d_2에서 -80 mV, d_3에서 $+30$ mV, d_4에서 -50 mV, d_5에서 -70 mV이다.
흥분 전도 속도가 4 cm/ms인 신경에서는 각 지점에서의 막전위가 d_1에서 -70 mV, d_2에서 -70 mV와 -80 mV 사이, d_3에서 -80 mV, d_4에서 0 mV, d_5에서 $+30$ mV이다. 표에서 신경 A에 역치 이상의 자극이 주어지고 4 ms일 때 Ⅰ에서의 막전위가 0 mV이므로 신경 A에서의 흥분 전도 속도는 4 cm/ms이며, Ⅰ은 d_4이다. 그리고 막전위가 -70 mV인 Ⅳ는 d_1, 막전위가 -80 mV인 Ⅴ는 d_3이다. Ⅱ는 d_2이고, 이때의 막전위는 약 -74 mV가 된다. 흥분 전도 속도가 2 cm/ms인 신경 B에서 Ⅰ에서의 막전위는 -50 mV, Ⅳ에서의 막전위는 -70 mV, Ⅴ에서의 막전위는 $+30$ mV이다.
이를 바탕으로 표를 완성하면 다음과 같다.

신경	4 ms일 때 측정한 막전위(mV)				
	Ⅰ (d_4)	Ⅱ (d_2)	Ⅲ (d_5)	Ⅳ (d_1)	Ⅴ (d_3)
A (4 cm/ms)	0	? (약 -74)	ⓐ($+30$)	-70	-80
B (2 cm/ms)	?(-50)	-80	-70	?(-70)	ⓑ($+30$)

ㄴ. ⓐ와 ⓑ는 모두 $+30$ mV로 막전위는 같다.

ㄷ. B의 d_1에 역치 이상의 자극을 1회 주고 경과된 시간이 5 ms일 때 d_5(Ⅲ)에서의 막전위는 -50 mV로 탈분극 과정에 있다. 그러므로 ㉠이 5 ms일 때 B의 d_5(Ⅲ)에서는 세포 안으로의 Na^+ 유입이 일어나고 있다.

오답피하기

ㄱ. Ⅰ은 d_4이다.

4 체온 조절

정답찾기

ㄴ. 피부 근처 혈관을 흐르는 혈액의 양이 증가할수록 열 발산량은 증가한다. 피부 근처 혈관을 흐르는 단위 시간당 혈액량이 t_2일 때가 t_1일 때보다 많으므로, 열 발산량은 t_2일 때가 t_1일 때보다 많다.

오답피하기

ㄱ. 정상인이 저온 자극을 받으면 피부 근처 혈관이 수축됨으로써 피부 근처 혈관을 흐르는 혈액의 양이 감소하며, 고온 자극을 받으면 피부 근처 혈관이 확장됨으로써 피부 근처 혈관을 흐르는 혈액량이 증가한다. 따라서 ㉠ 자극은 저온 자극, ㉡ 자극은 고온 자극이다.

ㄷ. 체온 조절 중추가 고온(㉡) 자극을 감지하면 몸 떨림과 같은 골격근의 운동은 일어나지 않으므로 열 발생량은 감소한다.

5 물질의 생산과 소비

문제분석 총생산량은 호흡량과 순생산량을 합한 유기물의 양이며, 순생산량은 피식량, 고사량, 낙엽량, 생장량을 모두 합한 유기물의 양이다.

정답찾기

ㄴ. A에서 ㉠의 피식량은 1차 소비자가 생산자를 섭취한 유기물의 양이며, 이 중 일부는 먹이 사슬을 따라 2차 소비자에게 전달되고, 일부는 2차 소비자의 생장에 이용된다. 생물의 생장에 이용된 유기물의 양이 생장량이므로, A에서 ㉠의 피식량에는 2차 소비자의 생장량이 포함된다.

ㄷ. A에서 2차 소비자의 에너지 효율은 $\dfrac{2차\ 소비자의\ 에너지양}{1차\ 소비자의\ 에너지양} \times 100 = \dfrac{15}{100} \times 100 = 15$ %이고, B에서 1차 소비자의 에너지 효율은 $\dfrac{1차\ 소비자의\ 에너지양}{생산자의\ 에너지양} \times 100 = \dfrac{150}{1000} \times 100 = 15$ %이다.
따라서 A의 2차 소비자와 B의 1차 소비자의 에너지 효율은 같다.

오답피하기

ㄱ. 호흡량은 총생산량에서 순생산량을 제외한 유기물의 양이다. ㉠에서 총생산량에 대한 호흡량의 백분율은 66.9 %, ㉡에서 총생산량에 대한 호흡량의 백분율은 74 %이지만 ㉠의 총생산량은 ㉡의 총생산량의 2배이다. 따라서 호흡량은 ㉠에서가 ㉡에서보다 크다.

6 염색체와 유전자

문제분석 Ⅰ에는 ㉠이 2개 있고, ㉡, ㉢, ㉣이 없으므로 Ⅰ은 남자의 감수 2분열 중인 세포이고, ㉡, ㉢, ㉣ 중 2가지는 성염색체에 있다.

정답찾기

ㄱ. Ⅲ에는 ㉠이 1개, ㉢이 2개, ㉣이 1개 있으므로 A, a, B, b 중 3가

지가 있다. 따라서 Ⅲ은 핵상이 $2n$인 세포이다. 남자의 세포인 Ⅰ
에는 ㉢이 없으므로 Ⅲ은 여자의 세포이고, Ⅱ와 Ⅳ는 남자의 세포
이다.
ㄷ. 성염색체가 XY인 남자는 ㉠, ㉢, ㉣을 갖고, ㉡을 갖지 않으므로
㉠과 ㉣은 상염색체에, ㉡과 ㉢은 X 염색체에 있다.

ㄴ. Ⅱ에는 ㉠과 ㉢이 각각 1개 있으므로 Ⅱ는 감수 2분열이 완료되어
형성된 세포이고, ㉠과 ㉢은 서로 대립유전자가 아니다. Ⅳ에는 ㉢
과 ㉣이 각각 2개 있으므로 Ⅳ는 감수 2분열 중인 세포이고, ㉢과
㉣은 서로 대립유전자가 아니다. 따라서 ㉠은 ㉣과 대립유전자이고,
㉡은 ㉢과 대립유전자이다.

7 다인자 유전

 ㉠은 3쌍의 대립유전자에 의해 결정되고, 유전자형에서 대
문자로 표시되는 대립유전자의 수가 0부터 6까지 있으므로 표현형이
최대 7가지이다. ㉡은 1쌍의 대립유전자에 의해 결정되고, 유전자형에
서 대문자로 표시되는 대립유전자의 수가 0부터 2까지 있으므로 표현
형이 최대 3가지이다.

ㄴ. ⓐ+ⓑ=7+3=10이다.
ㄷ. ㉠의 유전자형이 AaBbDd인 부모 사이에서 태어난 아이에서 가
능한 유전자형 조합의 수는 64이고, 부모와 같이 대문자로 표시
되는 대립유전자를 3개 가지는 경우의 수는 20이다. ㉡의 유전
자형이 Ee인 부모 사이에서 태어난 아이에서 가능한 유전자형
은 3가지이고, 부모와 같이 대문자로 표시되는 대립유전자를 1개
가질 확률은 $\frac{1}{2}$이다. 따라서 이 아이의 ㉠과 ㉡의 표현형이 모두
부모와 같을 확률은 $\frac{20}{64} \times \frac{1}{2} = \frac{5}{32}$이다.

ㄱ. 다인자 유전은 여러 쌍의 대립유전자가 하나의 유전 형질의 발현에
관여한다. 1쌍의 대립유전자가 관여하는 ㉡의 유전은 단일 인자 유
전이다.

8 방형구법

ㄷ. 특정 종의 상대 빈도는 $\dfrac{\text{특정 종이 출현한 방형구 수}}{\text{각 종이 출현한 방형구 수의 합}} \times 100$으로
구할 수 있다. 각 종이 출현한 방형구 수의 합이 Ⅱ에서가 Ⅰ에서의
3배이므로, Ⅰ에서 각 종이 출현한 방형구 수의 합을 ⓐ라고 한다면
Ⅱ에서 각 종이 출현한 방형구 수의 합은 3ⓐ가 된다. Ⅰ에서 C가 출
현한 방형구 수는 $36 \times ⓐ \times \frac{1}{100}$이고, Ⅱ에서 D가 출현한 방형구 수
는 $24 \times 3ⓐ \times \frac{1}{100}$이다.
따라서 $\dfrac{\text{Ⅰ에서 C가 출현한 방형구 수}}{\text{Ⅱ에서 D가 출현한 방형구 수}} = \frac{1}{2}$이다.

ㄱ. 특정 종의 개체 수는 상대 밀도×총 개체 수×$\frac{1}{100}$로 구할 수 있다.
Ⅰ에서 A의 개체 수는 $25 \times 120 \times \frac{1}{100} = 30$이고, Ⅱ에서 B의 개

체 수는 $30 \times 100 \times \frac{1}{100} = 30$이다. 개체군 밀도는 $\dfrac{\text{개체 수}}{\text{면적}}$이고 Ⅰ
의 면적이 Ⅱ의 면적의 2배이므로, 개체군 밀도는 Ⅰ의 A가 Ⅱ의 B
보다 작다.
ㄴ. 각 종의 중요치(중요도)는 상대 밀도, 상대 빈도, 상대 피도를 더한
값이므로, 중요치(중요도)가 가장 큰 종은 Ⅰ에서는 D이지만 Ⅱ에
서는 A이다.

9 질병의 구분

 '감염성 질병이다.'와 '병원체가 유전 물질을 가지고 있다.'
는 홍역과 결핵, '치료에 항생제가 사용된다.'는 결핵의 특징이다. 따라
서 특징의 개수가 3인 질병 A는 결핵이다. 당뇨병은 특징의 개수가 0
이고 홍역은 2인데 ⓐ는 ⓑ보다 큰 수라고 하였으므로, B는 홍역, C는
당뇨병이며, ⓐ는 2이고 ⓑ는 0이다.

ㄱ. ⓐ는 2이고 ⓑ는 0이므로 ⓐ+ⓑ=2이다.
ㄴ. A는 특징의 개수가 3인 결핵이다.

ㄷ. C(당뇨병)는 비감염성 질병이므로 다른 사람에게 전염되지 않는다.

10 염색체 비분리

 Ⅱ와 Ⅲ은 염색 분체가 분리되기 전의 세포이므로 각 대립
유전자의 DNA 상대량이 0 또는 짝수이다. 따라서 Ⅱ와 Ⅲ은 각각 ㉡
과 ㉣ 중 하나이고, Ⅰ과 Ⅳ는 각각 ㉠과 ㉢ 중 하나이다.
㉢이 Ⅰ이라고 가정하면 A와 a는 X 염색체에 있고, B와 b는 21번 염
색체에 있으며, Ⅰ의 (가)와 (나)의 유전자형은 bbX^{A}Y이다. Ⅰ과 Ⅱ
사이에서 DNA 복제가 이루어지므로 Ⅱ에서 b의 DNA 상대량이 4,
A의 DNA 상대량이 2를 만족해야 하는데 ㉠, ㉡, ㉣ 중에는 해당하는
세포가 없다. 따라서 ㉠이 Ⅰ이고, ㉢이 Ⅳ이다. A와 a는 21번 염색체
에 있고, B와 b는 X 염색체에 있으므로 ⓐ는 1이고, Ⅰ의 (가)와 (나)
의 유전자형은 AaX^{B}Y이다. Ⅰ에서 Ⅱ가 형성되는 과정에서 DNA
복제가 이루어지므로 ㉣은 Ⅱ이고, ㉡은 Ⅲ이다. ㉢(Ⅳ)에는 Ⅰ에 없는
b가 있으므로 과정 ㉮에서 B(ⓧ)가 모두 b(ⓨ)로 바뀌는 돌연변이가 일
어났다. 과정 ㉯의 결과 b를 2개 갖는 Ⅳ가 생성되었으므로 과정 ㉯에
서 X 염색체의 비분리가 1회 일어났음을 알 수 있다.

ㄱ. ⓐ는 1이다.
ㄴ. ㉠은 Ⅰ, ㉡은 Ⅲ, ㉢은 Ⅳ, ㉣은 Ⅱ이다.

ㄷ. Ⅳ는 21번 염색체 1개와 X 염색체 2개를 갖는 정자이므로 Ⅳ
(22+XX)와 정상 난자(22+X)의 수정으로 태어나는 아이
(44+XXX)의 상염색체 수는 정상이며 다운 증후군의 염색체 이
상을 보이지 않는다.

09회 미니모의고사

본문 33~36쪽

1 ④	**2** ⑤	**3** ⑤	**4** ④
5 ⑤	**6** ①	**7** ③	**8** ⑤
9 ③	**10** ③		

1 연역적 탐구 과정

정답찾기

ㄱ. 건강한 48마리의 양을 탄저병 백신을 접종한 집단(실험군)과 탄저병 백신을 접종하지 않은 집단(대조군)으로 나누어 탐구를 진행하였으므로 연역적 탐구 방법이 이용되었다.

ㄷ. 실험에서 탄저병 백신의 접종 여부를 달리하였으므로 탄저병 백신의 접종 여부는 조작 변인에 해당한다. 그리고 탄저균을 주입하였을 때 양의 건강 상태를 확인하였으므로 탄저병 예방 효과는 종속변인이다. 따라서 '탄저병 백신은 탄저병 예방 효과가 있을 것이다.'는 이 실험의 가설에 해당한다.

오답피하기

ㄴ. 대조군은 실험군과 비교하기 위해 아무 요인(변인)도 변화시키지 않은 집단이며, 실험군은 가설을 검증하기 위해 의도적으로 어떤 요인(변인)을 변화시킨 집단이다. ㉠은 탄저병 백신을 접종한 집단이므로 실험군이다.

2 물질대사와 기관계의 통합적 작용

문제분석 Ⅰ은 호흡계를 통해 몸 안으로 흡수되므로 산소이고, Ⅱ는 소화계를 통해 체내로 흡수되므로 포도당이다. Ⅲ은 호흡계와 배설계를 통해 몸 밖으로 배출되므로 물이고, Ⅳ는 호흡계를 통해 몸 밖으로 배출되므로 이산화 탄소이다. ㉠은 ATP, ㉡은 ADP이다.

정답찾기

ㄱ. 포도당(Ⅱ)은 세포 호흡의 에너지원이다.

ㄴ. 세포 호흡 결과 생긴 노폐물인 Ⅲ은 호흡계와 배설계를 통해 몸 밖으로 배출되므로 물이다.

ㄷ. 근육 수축 과정에는 ATP(㉠)에 저장된 에너지가 사용된다.

3 흥분의 전도

문제분석 활동 전위 발생 시 Na^+의 막 투과도 증가로 막전위가 상승하는 탈분극이 일어나고, K^+의 막 투과도 증가로 막전위가 하강하는 재분극이 일어난다. 따라서 ㉠은 K^+이다.

정답찾기

ㄱ. (나)에서 t_1일 때 막전위가 상승하므로 Na^+ 통로가 열려 Na^+ 유입량은 증가하고, t_2일 때 막전위가 하강하므로 열린 Na^+ 통로가 닫혀 Na^+의 유입량은 감소함을 알 수 있다. 따라서 Na^+의 유입량은 t_1일 때가 t_2일 때보다 많다.

ㄴ. K^+(㉠)의 농도는 항상 뉴런 안에서가 뉴런 밖에서보다 높다.

ㄷ. 시냅스 소포는 축삭 돌기 말단에만 있고 가지 돌기에는 없다. 따라서 역치 이상의 자극을 준 뉴런의 가지 돌기에서 인접한 d_3이 있는 뉴런의 축삭 돌기 말단으로 흥분은 전달되지 않는다. t_3일 때 d_3에서는 분극 상태를 유지하므로, 휴지 전위가 형성된다.

4 체온 조절과 혈당량 조절

문제분석 간뇌의 시상 하부는 항상성 조절의 중추이다. (가)에서 저온 자극이 주어지면 교감 신경의 작용으로 피부 근처 혈관이 수축되고, 피부 근처 혈관으로 흐르는 혈액량이 감소하여 열 발산량(열 방출량)이 감소한다. 또한 부신 속질(㉮)에서 에피네프린(ⓐ)의 분비가 촉진된다. 그 결과 물질대사가 촉진되어 열 발생량이 증가한다.

(나)에서 혈당량이 정상 범위보다 낮을 때 교감 신경의 작용으로 부신 속질(㉮)에서 에피네프린(ⓐ)의 분비가 촉진되고, 이자(㉯)에서 글루카곤(ⓑ)의 분비가 촉진되면 글리코젠이 포도당으로 전환되는 물질대사가 촉진되어 혈당량을 정상 범위로 높인다.

정답찾기

ㄱ. A~D는 모두 교감 신경에 의한 조절 경로이다.

ㄷ. ⓑ는 글루카곤이다.

오답피하기

ㄴ. ㉮는 부신 속질이다.

5 염증 반응

문제분석 염증 반응은 피부나 점막이 손상되어 병원체가 체내로 침입하면 열, 부어오름, 붉어짐, 통증이 나타나는 반응이다.

정답찾기

ㄱ. 염증 반응이 일어날 때 ㉠은 모세 혈관에서 상처 부위로 이동하여 식세포 작용(식균 작용)을 통해 병원체를 제거하는 백혈구이다.

ㄴ. 과정 Ⅰ에서 모세 혈관이 확장되어 피부가 붉어지고, ㉠(백혈구)이 상처 부위로 이동한다.

ㄷ. 과정 Ⅱ를 통해 병원체의 수가 줄어들었다. 이는 백혈구의 식세포 작용(식균 작용)을 비롯한 비특이적 방어 작용에 의한 결과이다.

6 염색체와 유전자

문제분석 ㉠에서 a, B, D 각각의 1개당 DNA 상대량은 1이다. 유전 형질 ㉮를 결정하는 2쌍의 대립유전자 A와 a, B와 b는 하나의 상염색체에, ㉯를 결정하는 대립유전자 D와 d는 다른 상염색체에 있으므로 ㉡에 aBd가, ㉢에 ABd가 있다. 이 사람의 ㉮와 ㉯의 유전자형은 AaBBDd이다.

정답찾기

ㄱ. ㉣에 A, B, d가 있으므로 세포 1개당 a, b, d의 DNA 상대량을 더한 값은 1이다.

오답피하기

ㄴ. 이 사람의 체세포에서 a와 B는 같은 염색체에, A와 B는 같은 염색체에 있다. a와 b가 같이 있는 염색체는 없다.

ㄷ. ㉠(aB/D)과 ㉡(aB/d)은 하나의 G_1기 세포에서 형성된 생식세포가 아니다.

7 단일 인자 유전

문제분석 (나)의 유전자가 9번 염색체에 있다면 ㉠에게서 나타날 수 있는 (가)~(다)의 표현형은 최대 12가지가 될 수 없다. 따라서 (나)의 유전자는 7번 염색체에 있다. ㉠에게서 나타날 수 있는 (가)~(다)의 표현형은 최대 12가지이고, P와 Q의 (다)의 표현형이 서로 다르며, ㉠

의 (다)의 유전자형이 EE인 경우가 있으므로 ⊙에게서 나타날 수 있는
(가)와 (나)의 표현형은 최대 3가지이고, (다)의 표현형은 최대 4가지이
다. 따라서 P와 Q의 (다)의 유전자형은 각각 DE와 EF 중 하나이다.
⊙의 (가)의 유전자형이 AA^*BB^*일 확률은 $\frac{1}{2}$이고, ⊙은 유전자형이
$A^*A^*BB^*DE$인 사람과 (가)~(다)의 표현형이 같을 수 있으므로 P
와 Q의 유전자형은 각각 AB^*/A^*B, DE와 AB^*/A^*B, EF 중 하
나이다.

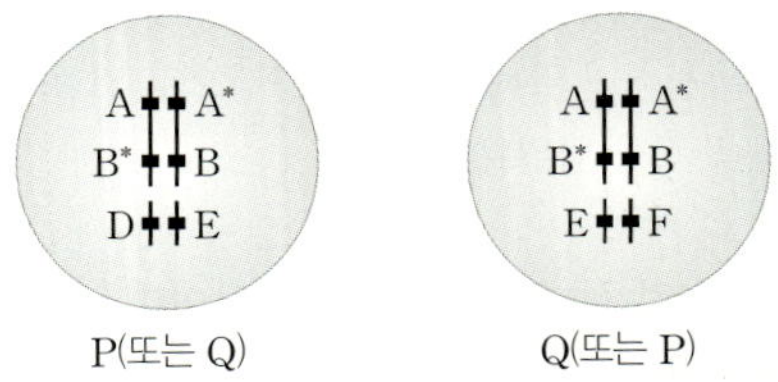

정답찾기
ㄱ. (나)의 유전자는 7번 염색체에 있다.
ㄴ. P와 Q의 유전자형은 각각 AB^*/A^*B, DE와 AB^*/A^*B, EF
중 하나이므로 ⊙의 (가)와 (나)의 표현형이 P와 같을 확률은 $\frac{1}{2}$이고,
(다)의 표현형이 P와 같을 확률은 $\frac{1}{4}$이다. 따라서 ⊙의 (가)~(다)의
표현형이 모두 P와 같을 확률은 $\frac{1}{8}\left(=\frac{1}{2}\times\frac{1}{4}\right)$이다.

오답피하기
ㄷ. P에서 A, B, E를 모두 갖는 생식세포가 형성될 수 없다.

8 유전자 돌연변이

정답찾기
ㄱ. 1~4 중 하나의 유전자형이 EE라고 가정하면 1과 3의 표현형은 서
로 같고, 2와 4의 표현형은 서로 같으므로 1~4의 표현형은 모두 같
아야 한다. 하지만 1~5의 유전자형이 각각 서로 다르므로 1~4에
는 유전자형이 EE인 사람이 없다. 따라서 1과 2의 표현형은 서로
다르며 E_와 F_ 중 하나이다. 만약 1과 2의 유전자형이 각각 EG
와 FG 중 하나라면 3과 4 중 하나는 GG이므로 1과 3의 표현형이
서로 같고, 2와 4의 표현형이 서로 같을 수 없다. 따라서 구성원의
유전자형은 1이 EF, 2가 FG, 3이 EG, 4가 FF, 5가 EE이다.
ㄴ. 1과 2로부터 유전자형이 EE인 아이가 태어나려면 2가 갖는 대립
유전자 F나 G가 E로 바뀌는 돌연변이가 일어나야 한다. 따라서 ⓛ
은 E이다.
ㄷ. 5의 동생이 태어날 때 이 아이에게서 나타날 수 있는 유전자형은
EF, EG, FF, FG이므로 이 아이의 표현형이 2와 같을 확률은 $\frac{1}{2}$
이다.

9 천이

문제분석 　2차 천이는 초원 → 관목림(A) → 양수림(B) → 혼합림 →
음수림(C) 순으로 진행되며, 음수림에서 극상을 이룬다. 피도는 특정
종이 점유하고 있는 면적의 비율을 의미한다. 시간이 지남에 따라 식물
군집의 우점종이 변화하므로, ⊙은 관목림(A)의 우점종, ⓛ은 양수림
(B)의 우점종, ⓒ은 음수림(C)의 우점종이다.

정답찾기
ㄱ. ⊙은 관목림(A)의 우점종이다.
ㄴ. 기존의 식물 군집이 있었던 곳에 산불이 일어나 군집이 파괴된 후
남아 있던 토양에서 시작된 천이 과정이므로, 2차 천이 과정이다.

오답피하기
ㄷ. 이 지역의 식물 군집은 음수림에서 극상을 이룬다.

10 물질 순환

문제분석 　(가)는 질소 순환, (나)는 탄소 순환 과정의 일부이며, Ⅰ은
소비자인 토끼, Ⅱ는 생산자인 토끼풀이며, ⓐ는 질소 기체(N_2), ⓑ는
암모늄 이온(NH_4^+), ⓒ는 질산 이온(NO_3^-), ⓓ는 이산화 탄소(CO_2)
이다.

정답찾기
ㄷ. 질산 이온(NO_3^-, ⓒ)과 이산화 탄소(CO_2, ⓓ)는 모두 생물을 둘러싼
환경으로 생물의 생존에 영향을 미치는 비생물적 요인이다.

오답피하기
ㄱ. 과정 ⊙은 질산 이온(NO_3^-, ⓒ)이 토끼풀(Ⅱ)에 전달되는 과정을,
과정 ⓛ은 세포 호흡을 통해 이산화 탄소(CO_2, ⓓ)를 방출하는 과정
을 나타낸 것이다.
ㄴ. 질소 기체(N_2, ⓐ)가 암모늄 이온(NH_4^+, ⓑ)으로 되는 과정은 질소
고정이며, 질소 고정에는 질소 고정 세균이 관여한다.

10회 미니모의고사

1 ⑤	**2** ③	**3** ⑤	**4** ⑤
5 ④	**6** ④	**7** ①	**8** ③
9 ③	**10** ③		

1 생물의 특성

문제분석 (가)는 자극에 대한 반응, (나)는 발생과 생장, (다)는 적응과 진화이다.

정답찾기

ㄱ. 지렁이는 유기물을 분해하여 에너지를 얻으므로 물질대사를 한다.

ㄴ. 다세포 생물인 개구리는 하나의 수정란이 세포 분열을 하여 세포 수가 늘어나면서 구조적·기능적으로 완전한 개체가 된다.

ㄷ. 갈라파고스 군도에 서식하는 핀치는 먹이 종류에 따라 서로 다른 부리 모양을 갖는다. 이것은 서로 다른 섬의 환경에 핀치가 적응하여 진화한 결과이므로 (다)에 해당한다.

2 신경계

문제분석 A는 연수, B는 척수이고, ㉠은 부교감 신경의 신경절 이전 뉴런, ㉡은 부교감 신경의 신경절 이후 뉴런, ㉢은 교감 신경의 신경절 이전 뉴런, ㉣은 체성 신경을 구성하는 원심성 뉴런(운동 뉴런)이다.

정답찾기

ㄱ. ㉠은 위에 연결된 부교감 신경의 신경절 이전 뉴런이므로 ㉠의 신경 세포체는 연수(A)에 있다.

ㄴ. 부교감 신경의 신경절 이후 뉴런(㉡)과 원심성 뉴런(운동 뉴런)(㉣)의 축삭 돌기 말단에서 분비되는 신경 전달 물질은 모두 아세틸콜린이다.

오답피하기

ㄷ. 교감 신경의 신경절 이전 뉴런(㉢)과 원심성 뉴런(운동 뉴런)(㉣)은 모두 전근을 통해 나온다.

3 골격근의 수축

문제분석 골격근이 수축하여 X의 길이가 $2d$만큼 감소할 때 ㉠의 길이는 d만큼 감소하고, ㉡의 길이는 d만큼 증가하며, ㉢의 길이는 $2d$만큼 감소한다. X의 길이는 (2㉠+2㉡+㉢)으로, A대의 길이는 (2㉡+㉢)으로 표현된다.

정답찾기

ㄱ. t_1일 때 X의 길이(2㉠+2㉡+㉢)는 3.2 μm이고, A대의 길이(2㉡+㉢)는 1.6 μm이므로 ㉠의 길이는 0.8 μm이다. ㉠이 ⓐ일 경우 ⓐ(㉠)의 길이가 0.8 μm, ⓑ의 길이가 3.2 μm, ⓒ의 길이가 4.8 μm이므로 제시된 조건을 만족시키지 못한다. ㉠이 ⓒ일 경우 ⓐ의 길이가 $\frac{2}{15}$ μm, ⓑ의 길이가 $\frac{8}{15}$ μm, ⓒ(㉠)의 길이가 0.8 μm이므로 제시된 조건을 만족시키지 못한다. 따라서 ㉠은 ⓑ이고, ⓐ의 길이가 0.2 μm, ⓑ(㉠)의 길이가 0.8 μm, ⓒ의 길이가 1.2 μm이다. A대의 길이(2㉡+㉢)가 1.6 μm이므로 ㉡은 ⓐ, ㉢은 ⓒ이다.

ㄴ. ㉠의 길이는 t_1일 때 0.8 μm이고, t_2일 때 0.6 μm이므로 시간이 $t_1 \rightarrow t_2$로 흘러 골격근이 수축할 때 ㉠의 길이는 0.2 μm 감소한다. t_1일 때 ㉡의 길이가 0.2 μm이므로 t_2일 때 ㉡의 길이는 0.4 μm이고, t_1일 때 ㉢의 길이가 1.2 μm이므로 t_2일 때 ㉢의 길이는 0.8 μm이다. 따라서 t_2일 때 ㉡의 길이와 ㉢의 길이를 더한 값은 0.4+0.8= 1.2 μm이다.

ㄷ. 시간이 $t_1 \rightarrow t_2$로 흘러 골격근이 수축할 때 ㉠의 길이가 0.2 μm 감소한다. 그러므로 t_1일 때 X의 길이가 3.2 μm이고, t_2일 때 X의 길이는 2.8 μm이다.

4 기관계의 통합적 작용

문제분석 A는 순환계, B는 호흡계, C는 배설계이다.

정답찾기

ㄱ. 교감 신경은 순환계(A)에 속하는 기관 중 심장에 작용하여 심장 박동을 촉진시키고, 호흡계(B)에 속하는 기관 중 기관지에 작용하여 기관지를 확장시킨다.

ㄴ. 항이뇨 호르몬(ADH)은 순환계(A)의 혈액을 통해 배설계(C)의 콩팥으로 이동한다.

ㄷ. 요소는 콩팥 동맥(㉡)을 거쳐서 콩팥으로 들어가며, 콩팥에서 여분의 물과 함께 걸러져 몸 밖으로 배출된다. 따라서 단위 부피당 요소의 양은 콩팥을 거쳐서 나온 콩팥 정맥(㉠)의 혈액에서가 콩팥 동맥(㉡)의 혈액에서보다 적다.

5 에너지 흐름

문제분석 A는 생산자, B는 1차 소비자, C는 2차 소비자, D는 분해자이다.

정답찾기

ㄱ. 생산자(A)가 태양의 빛에너지를 광합성에 의해 유기물의 화학 에너지로 전환시키며, 유기물에 저장된 화학 에너지의 일부는 먹이 사슬을 통해 상위 영양 단계로 이동한다. 따라서 태양의 빛에너지는 생태계에 공급되는 에너지원이다.

ㄷ. B의 에너지 효율은 $\frac{B의\ 에너지양}{A의\ 에너지양} \times 100 = \frac{20}{200} \times 100 = 10$ %이고,

C의 에너지 효율은 $\frac{C의\ 에너지양}{B의\ 에너지양} \times 100 = \frac{4}{20} \times 100 = 20$ %이다.

따라서 에너지 효율은 C가 B의 2배이다.

오답피하기

ㄴ. B에서 C로 전달되는 에너지양(C의 에너지양)은 4(=3+1)이고, A에서 B로 전달되는 에너지양(B의 에너지양)은 C의 에너지양의 5배이므로 20(=4×5)이다. 태양의 빛에너지 중 A로 전달된 에너지양은 200(=20000−19800)이고, 200=㉠+80+20(B의 에너지양)이다. 따라서 ㉠은 100이다. B의 에너지양은 20=9+㉡+4(C의 에너지양)이므로, ㉡은 7이다. 따라서 ㉠과 ㉡의 합은 107(=100+7)이다.

6 생식세포 형성 과정

문제분석 Ⅳ에서 a, B, d의 DNA 상대량을 더한 값과 A, D의 DNA 상대량을 더한 값의 합이 10이므로 Ⅳ는 감수 1분열 중기 세포

인 ⓛ에 해당한다. ⓛ의 DNA 상대량을 더한 값은 G_1기 세포인 ㉠의
2배이므로 ㉠에서 a, B, d의 DNA 상대량을 더한 값은 3이고, A, D
의 DNA 상대량을 더한 값은 2이다. ㉠은 II이고, ㉠의 유전자형은
AaBbDd이다. ㉣은 ㉢이 감수 2분열을 마치면 생성되며, ㉣의 DNA
상대량은 ㉢의 절반이다. 생식세포인 ㉣이 I이면, A, D의 DNA 상
대량을 더한 값이 0이므로 ㉣에는 a, d가 모두 있으며, 감수 2분열 중
기 세포인 ㉢이 a, d를 가지게 되어 III에서 a, B, d의 DNA 상대량
을 더한 값이 4가 되므로 모순이다. ㉢은 I이고, ㉣은 III이다. ㉣(III)
에서 a, B, d의 DNA 상대량을 더한 값은 2이고, ㉢(I)에서 A, D의
DNA 상대량이 0이므로 ㉣(III)은 a, b, d를 갖는다.

세포	a, B, d의 DNA 상대량을 더한 값	A, D의 DNA 상대량을 더한 값
I(㉢)	?(4)	0
II(㉠)	?(3)	2
III(㉣)	2	?(0)
IV(ⓛ)	6	4

ㄴ. ㉢이 감수 2분열을 마치면 동일한 유전 정보를 갖는 ㉣과 ㉺이 생성
　된다. ㉣은 a, b, d를 가지므로 ㉺에는 a와 b가 모두 있다.

ㄷ. ㉢은 a, b, d를 갖고 있으므로 ㉺에는 A, B, D가 있다. ㉺은 감수
　2분열 중기 세포이므로 ㉺에서 세포 1개당

$$\frac{\text{A의 DNA 상대량}+\text{b의 DNA 상대량}}{\text{D의 DNA 상대량}}=\frac{2+0}{2}=1\text{이다.}$$

ㄱ. I은 ㉢이다.

7 사람의 유전 형질

　I의 아버지와 어머니 사이에서 태어나는 자녀는 ㉠이 A일
경우 아버지로부터 A를 물려받고, ㉡이 A일 경우 어머니로부터 A를
물려받는다. A가 a에 대해 완전 우성이므로, I에서 자녀의 (가)의 표
현형은 우성 표현형 1가지만 나타난다. I에서 자녀에게 나타날 수 있
는 (가)~(다)의 표현형의 최대 가짓수가 6이므로, 부모의 (나)의 유전자
형은 이형 접합성이다. 따라서 ㉢은 b, ㉣은 B이고, 자녀의 (나)의 표현
형은 최대 3가지이다. I에서 아버지의 (다)의 유전자형이 D㉺이므로,
㉺이 D일 경우, 자녀의 (다)의 표현형은 1가지만 나타나고, ㉺이 E 또
는 F일 경우, 자녀의 (다)의 표현형은 최대 2가지가 나타난다. 따라서
㉺은 E 또는 F이다.

II에서 자녀에게 나타날 수 있는 (가)~(다)의 표현형의 최대 가짓수가
8이 되기 위해서는 (가)~(다)의 표현형의 최대 가짓수가 각각 2이다.
자녀에게서 나타날 수 있는 (다)의 표현형의 최대 가짓수가 2가 되기 위
해서는 ㉺은 F, ㉻은 E, ㉼은 D이어야 한다.

III에서 A㉡BBFD(A㉡BB㉻㉼)인 아버지와 aaBBDE(aaB㉣D㉺)
인 어머니 사이에서 태어나는 자녀에게 나타날 수 있는 (가)~(다)의 표
현형의 최대 가짓수가 4이다. 자녀의 (나)의 표현형은 1가지만 나타나
고, (가)의 표현형이 최대 2가지이므로 ㉠은 A, ㉡은 a이다. (다)의 표
현형은 유전자형이 DD, DE, DF인 경우가 같으며, EF인 경우만 다
르므로 최대 2가지이다.

ㄴ. E(㉺)는 F(㉻)에 대해 완전 우성이다.

ㄱ. ㉠은 A, ㉡은 a이다.

ㄷ. A㉡B㉣㉼㉽(AaBBED)과 AAbbDE 사이에서 아이가 태어
　날 때, 이 아이에게서 나타날 수 있는 (가)~(다)의 유전자형은 최
　대 6가지(AABbDD, AABbDE, AABbEE, AaBbDD,
　AaBbDE, AaBbEE)이다.

8 염색체 구조 이상

　3과 4에서 ㉮ 발현 여부가 다르므로 2의 ㉮의 유전자형은
이형 접합성이고, ㉮는 우성 형질이다. 3과 4에서 ㉯가 모두 발현되지
않았으므로 2는 ㉯에 대해 정상 대립유전자만을 가지는 동형 접합성이
다. 1과 2의 ㉯의 표현형이 다르므로 5는 ㉯에 대해 이형 접합성(Ff)이
며, 5는 ㉯에 대해 우성 표현형을 나타낸다. 따라서 F는 ㉯ 발현 대립
유전자이고, f는 정상 대립유전자이다. 1과 5는 F를 가지므로 F가 없
는 I이 2의 세포이다. 1은 대립유전자 e만을 가지므로 ⓐ는 e이다. II
는 e(ⓐ)와 F의 DNA 상대량이 같으므로 1의 세포이며, III이 5의 세
포이다. III은 1로부터 염색체 구조 이상 돌연변이 중복이 일어나 e가 2
개 있는 X 염색체를 가진 정자와 정상 난자의 수정으로 태어난 5의 생
식세포이다. 가계도에 가족 구성원의 유전자 구성을 나타내면 다음과
같다.

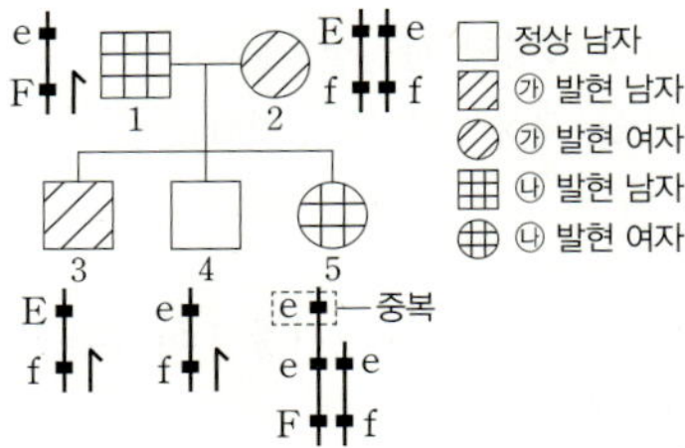

ㄱ. I은 2의 세포이고, II는 1의 세포이다.

ㄷ. III의 핵상이 $2n$이라면 ⓐ(e)의 DNA 상대량은 F의 DNA 상대량
　의 3배이다. 하지만 (나)에서 ⓐ(e)의 DNA 상대량이 F의 DNA
　상대량의 2배이므로 III은 핵상이 n인 5의 생식세포이다.

ㄴ. ㉠의 유전자형이 X^{eeF}이므로 f를 갖지 않는다.

9 방형구법

　설치한 방형구에서 특정 종의 밀도는

$\dfrac{\text{특정 종의 개체 수}}{\text{전체 방형구의 면적}(\text{m}^2)}$, 빈도는 $\dfrac{\text{특정 종이 출현한 방형구 수}}{\text{전체 방형구의 수}}$, 피도는

$\dfrac{\text{특정 종의 점유 면적}(\text{m}^2)}{\text{전체 방형구의 면적}(\text{m}^2)}$으로 구할 수 있다. 특정 종의 중요치는 상대

밀도, 상대 빈도, 상대 피도를 더한 값이며,

특정 종의 상대 밀도는 $\dfrac{\text{특정 종의 개체 수}}{\text{모든 종의 개체 수}}\times100$,

상대 빈도는 $\dfrac{\text{특정 종이 출현한 방형구 수}}{\text{각 종이 출현한 방형구 수의 합}}\times100$,

상대 피도는 $\dfrac{\text{특정 종이 차지하고 있는 면적}}{\text{각 종이 차지하고 있는 면적의 합}}\times100$으로 구할

수 있다. 이를 근거로 정리하면 표와 같다.

종	개체 수	상대 빈도(%)	상대 피도(%)	중요치
A	㉠(12)	40	12	76
B	22	28	?(32)	104
C	6	㉡(8)	36	56
D	10	?(24)	20	64

정답찾기

ㄱ. A의 중요치가 76이므로 A의 상대 밀도는 24 %이다.

$$\frac{㉠}{㉠+22+6+10}\times100=24\,\%$$이므로 ㉠은 12이다. C의 상대 밀도는 12 %이므로, C의 상대 빈도는 8 %이다. 따라서 ㉠+㉡=20이다.

ㄴ. 상대 피도가 가장 높은 종이 지표를 덮고 있는 면적이 가장 큰 종이므로, 지표를 덮고 있는 면적이 가장 큰 종은 C이다.

오답피하기

ㄷ. A는 설치한 10개의 방형구에 모두 출현하였는데 상대 빈도가 40 %이므로, 상대 빈도가 28 %인 B는 7개의 방형구에, 상대 빈도가 24 %인 D는 6개의 방형구에 출현한 것이다. 따라서 B가 출현한 방형구는 D가 출현한 방형구보다 1개 많다.

10 응집 반응

문제분석 ⓐ를 항 A 혈청과 섞었을 때 응집하지 않았으므로 ⓐ에는 응집원 A가 없고, (가)의 ABO식 혈액형은 B형 또는 O형이다. ⓑ와 ⓒ를 각각 항 A 혈청과 섞었을 때 응집했으므로 ⓑ와 ⓒ에는 각각 응집원 A가 있고, (나)와 (다)의 ABO식 혈액형은 A형 또는 AB형이다. 딸의 혈장과 ⓑ, ⓒ를 각각 섞었을 때 모두 응집했으므로 (가)는 딸(B형 또는 O형)이다. 아버지의 혈액에는 응집소 α와 응집소 β 중 한 가지만 있으므로 아버지의 ABO식 혈액형은 A형이고 응집소 β를 갖는다. 아버지의 혈장과 ⓐ를 섞었을 때 응집하지 않았으므로 ⓐ에는 응집원 B가 없다. 따라서 딸의 ABO식 혈액형은 O형이다. 아버지의 혈장과 ⓒ를 섞었을 때 응집했으므로 (다)는 아들이고, 아들의 ABO식 혈액형은 AB형이다. 어머니의 ABO식 혈액형은 B형이다.

정답찾기

ㄱ. ABO식 혈액형은 아버지가 A형, 어머니가 B형, 아들이 AB형, 딸이 O형이다.

ㄴ. (가)는 딸, (나)는 아버지, (다)는 아들이다.

오답피하기

ㄷ. 딸의 혈구인 ⓐ에는 응집원 A와 B가 모두 없고, 아들의 혈장인 ⓒ에는 응집소 α와 β가 모두 없다. 따라서 ⓐ와 ⓒ을 섞으면 응집 반응이 일어나지 않는다.

11회 미니모의고사

1 ⑤	**2** ④	**3** ⑤	**4** ④
5 ③	**6** ④	**7** ③	**8** ⑤
9 ①	**10** ③		

1 생물의 특성

정답찾기

ㄱ. 대미의 알이 유충 시기를 거쳐 성체가 되는 과정은 발생과 생장에 해당하며, 이 과정에서 세포 분열이 일어난다.

ㄴ. 매미가 먹이를 섭취한 후 생명 활동에 필요한 에너지를 얻는 물질대사 과정에서 효소가 이용된다.

ㄷ. 개미의 입 모양이 먹이를 섭취할 때 찔러서 빨아먹기에 적합한 것은 적응과 진화의 예에 해당한다.

2 소화계

문제분석 A는 간, B는 위, C는 소장이다.

정답찾기

ㄱ. 간(A)에서 암모니아가 요소로 전환되는 과정과 포도당이 글리코젠으로 합성되는 과정이 모두 일어난다.

ㄷ. 소장(C)에서 음식물의 소화와 세포 호흡이 모두 일어난다. 음식물의 소화와 세포 호흡은 모두 이화 작용에 해당하므로 소장(C)에서 이화 작용이 일어난다.

오답피하기

ㄴ. 위(B)에 연결된 부교감 신경에 역치 이상의 자극이 주어지면 위(B)에서의 소화 작용이 촉진된다.

3 흥분의 전도

문제분석 ㉠이 4 ms일 때 Ⅰ에서의 막전위는 A가 -60 mV이고, B가 $+10$ mV이므로 B의 흥분 전도 속도는 A의 흥분 전도 속도보다 1 cm/ms 빠르다. 또한 Ⅱ에서의 막전위는 A가 -80 mV이고, C가 $+10$ mV이므로 A의 흥분 전도 속도는 C의 흥분 전도 속도보다 1 cm/ms 빠르다. 따라서 A의 흥분 전도 속도는 2 cm/ms, B의 흥분 전도 속도는 3 cm/ms, C의 흥분 전도 속도는 1 cm/ms이다.

정답찾기

ㄱ. ㉠이 4 ms일 때 Ⅰ에서의 막전위는 A가 -60 mV이므로 Ⅰ은 d_3이다. Ⅱ에서의 막전위는 A가 -80 mV이므로 Ⅱ는 d_1이다. Ⅲ에서 B의 막전위가 -10 mV이므로 Ⅲ은 d_4이다. 따라서 Ⅳ는 d_2이다.

ㄴ. ㉠이 4 ms일 때 B의 d_3에서의 막전위가 $+10$ mV이므로 B의 흥분 전도 속도는 3 cm/ms이다.

ㄷ. A의 흥분 전도 속도는 2 cm/ms이고, C의 흥분 전도 속도는 1 cm/ms이다. ㉠이 5 ms일 때 A의 d_4에서와 C의 d_2에서는 모두 흥분이 도달하고 1 ms가 지난 시점이므로 A의 d_4와 C의 d_2에서의 막전위는 모두 -60 mV로 탈분극이 일어난다.

오답피하기

ㄷ. A의 감수 2분열 중기 세포 1개당 염색체 수는 5이고, 구간 Ⅳ에 있는 세포 1개당 염색 분체 수는 20이다.

$$\frac{\text{A의 감수 2분열 중기 세포 1개당 염색체 수}}{\text{구간 Ⅳ에 있는 세포 1개당 염색 분체 수}}=\frac{1}{4}\text{이다.}$$

8 복대립 유전

정답찾기

ㄱ. 털 색은 3가지 대립유전자 R(적색 대립유전자), G(녹색 대립유전자), B(청색 대립유전자)에 의해 결정되므로 털 색 유전은 복대립 유전이다.

ㄴ. 실험 (가)에서 부모가 모두 적색이지만 청색인 자손이 있으므로 R는 B에 대해 완전 우성이다. 실험 (다)에서 부모가 모두 녹색이지만 청색인 자손이 있으므로 G는 B에 대해 완전 우성이다. 실험 (나)에서 부는 적색, 모는 청색이지만 녹색인 자손이 태어났으므로 R는 G에 대해 완전 우성이다. 따라서 R는 G와 B 모두에 대해 완전 우성이다.

ㄷ. 실험 (라)에서 부가 녹색, 모가 청색이지만 녹색과 청색인 자손이 모두 태어났으므로 부의 털 색 유전자형은 GB이다. 따라서 부의 털 색 유전자형은 이형 접합성이다.

9 삼투압 조절

문제분석 전체 혈액량이 증가할수록 혈중 ADH 농도는 감소한다.

정답찾기

ㄴ. 혈장 삼투압이 P_2로 동일할 때, ㉠의 경우 혈중 ADH 농도가 정상보다 높고 ㉡의 경우 혈중 ADH 농도가 정상보다 낮다. 따라서 ㉠일 때가 ㉡일 때보다 전체 혈액량이 적다.

오답피하기

ㄱ. ADH는 뇌하수체 후엽에서 분비된다.

ㄷ. 정상 상태일 때 P_1일 때가 P_2일 때보다 혈중 ADH 농도가 낮으므로 콩팥에서의 수분 재흡수량이 적다. 따라서 단위 시간당 오줌 생성량은 P_1일 때가 P_2일 때보다 많다.

10 염색체 비분리

문제분석 구성원 2는 (가)가 발현되지 않고, 구성원 1과 3은 (가)가 발현되는데 ㉠과 ㉡은 A를 갖고 ㉢은 가지지 않으므로 ㉢은 2이다. 1과 3은 남자인데 ㉠의 (가)의 유전자형이 Aa이므로 (가)의 유전자는 상염색체에 있고, 우성 형질이다. (가)의 유전자형이 1은 AA, 2는 aa, 4는 Aa이다. 5의 A의 DNA 상대량이 2인 것으로 보아 염색체 일부가 떨어져 다른 염색체에 붙은 돌연변이는 (가)의 유전자가 있는 염색체에서 일어났다. 2(㉢)의 (나)의 유전자형은 $X^B X^b$인데 2(㉢)는 정상이므로 (나)는 열성 형질이다. 1(㉡)에는 B만 있는데 3(㉠)은 B가 없으므로 (나)의 유전자는 X 염색체에 있다. 4는 (나)의 b의 DNA 상대량이 2인 것으로 보아 정자 Ⅰ에는 성염색체가 없고, 난자 Ⅱ는 감수 2분열에서 염색체 비분리가 일어나 형성되었다. 이를 정리하면 다음과 같다.

---

4 자율 신경

문제분석 A는 교감 신경의 신경절 이전 뉴런, B는 부교감 신경의 신경절 이후 뉴런이고, B의 말단에서 아세틸콜린이 분비된다. ㉠과 ㉡에는 각각 신경절이 하나 있으므로 C~F는 모두 자율 신경에 속한다. B와 F의 말단에서 분비되는 신경 전달 물질이 서로 다르므로 F의 말단에서 노르에피네프린이 분비되고, F는 교감 신경의 신경절 이후 뉴런이다. D와 F의 말단에서 분비되는 신경 전달 물질이 서로 다르므로 D는 부교감 신경의 신경절 이후 뉴런, C는 부교감 신경의 신경절 이전 뉴런, E는 교감 신경의 신경절 이전 뉴런이다.

정답찾기

ㄱ. A~F는 각각 교감 신경과 부교감 신경 중 하나를 구성하므로 A~F는 모두 자율 신경에 속한다.

ㄷ. 심장에 연결된 교감 신경의 신경절 이전 뉴런인 A의 신경 세포체는 척수의 속질에 있다. 방광에 연결된 부교감 신경의 신경절 이전 뉴런인 C의 신경 세포체는 척수의 속질에 있다.

오답피하기

ㄴ. 교감 신경의 신경절 이전 뉴런(E)에서 활동 전위 발생 빈도가 증가하면 방광은 확장된다.

5 개체군의 생존 곡선

정답찾기

ㄷ. P에서 초기 사망률이 후기 사망률에 비해 매우 높으므로 Ⅰ형, Ⅱ형, Ⅲ형 중 P의 생존 곡선과 가장 유사한 것은 Ⅲ형이다.

오답피하기

ㄱ. Ⅱ형을 나타내는 개체군에서 A 시기 동안 사망한 개체 수는 B 시기 동안 사망한 개체 수보다 많다.

ㄴ. 한 개체로부터 한 번에 출생하는 평균 자손의 수는 Ⅲ형을 나타내는 개체군에서가 Ⅰ형을 나타내는 개체군에서보다 많다.

6 병원체와 방어 작용

문제분석 ㉠은 독감, ㉡은 말라리아, ㉢은 결핵, ㉣은 혈우병이다.

정답찾기

ㄱ. 혈우병(㉣)은 비감염성 질병에 해당한다.

ㄷ. 결핵(㉢)의 병원체가 침입했을 때 항체를 생성하여 항원 항체 반응이 일어났으므로 (가)에서 ㉢의 병원체에 대한 체액성 면역이 일어났다.

오답피하기

ㄴ. 독감(㉠)의 병원체인 바이러스는 독립적으로 물질대사를 하지 못하고, 말라리아(㉡)의 병원체인 원생생물은 독립적으로 물질대사를 한다.

7 체세포 분열과 감수 분열

정답찾기

ㄱ. 구간 Ⅰ에는 G_1기의 세포가 있으므로 핵상이 $2n$인 세포가 있고, 구간 Ⅲ에는 G_2기 또는 감수 1분열 중인 세포가 있으므로 핵상이 $2n$인 세포가 있다.

ㄴ. A의 체세포에 있는 염색체 수는 10이고 유전 물질이 복제되어 있

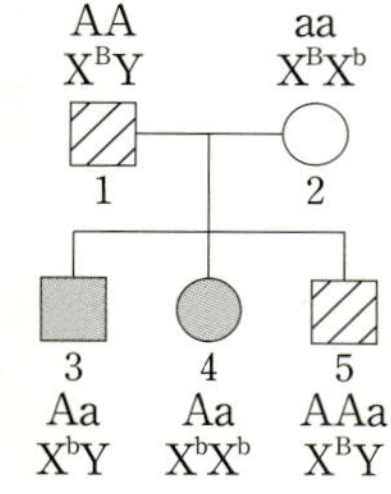

구성원	DNA 상대량			
	A	a	B	b
㉠(3)	1	1	0	?(1)
㉡(1)	ⓐ(2)	0	?(1)	0
㉢(2)	0	?(2)	1	1
4	1	?(1)	0	?(2)
5	2	ⓑ(1)	?(1)	?(0)

정답찾기

ㄱ. ⓐ는 2이고, ⓑ는 1이다.

ㄷ. 염색체 일부가 떨어져 다른 염색체에 붙는 돌연변이(㉮)는 아버지의 감수 분열 과정에서 일어나서 AAY인 정자가 형성되고, aX^B인 난자와 수정되어 5가 태어났다.

오답피하기

ㄴ. 4의 (나)의 유전자형이 $X^b X^b$이므로 Ⅱ의 b의 DNA 상대량이 2인 것을 알 수 있다. 2의 (나)의 유전자형이 $X^B X^b$이므로 Ⅱ는 감수 2분열에서 염색체 비분리가 일어나 형성되었다.

12회 미니모의고사
본문 44~47쪽

1 ④	**2** ⑤	**3** ②	**4** ①
5 ③	**6** ①	**7** ①	**8** ④
9 ②	**10** ③		

1 항상성

문제분석 물을 많이 마시면 체내 삼투압이 낮아지고, 낮아진 삼투압을 높이기 위해 묽은 오줌을 다량 배설한다. 식사 후에 혈당량이 높아지면 혈당량을 다시 원래의 상태로 낮추기 위해 인슐린이 분비되어 혈당량이 정상 수준으로 회복된다. 이들 두 현상은 모두 체내 환경을 일정하게 유지하려는 것으로 항상성에 해당한다.

정답찾기

④ 생물은 체내·외의 환경 변화에 대해 체내 환경을 일정하게 유지하려 한다. ➡ 항상성

오답피하기

① 모든 생물은 세포로 이루어져 있다. ➡ 세포로 구성

② 생물은 환경에 적응해 나가면서 새로운 종으로 진화한다. ➡ 적응과 진화

③ 생물은 외부로부터 받아들인 물질을 새로운 물질로 합성하거나 분해한다. ➡ 물질대사

⑤ 다세포 생물은 발생과 생장을 통해 구조적·기능적으로 완전한 개체가 된다. ➡ 발생과 생장

2 세포 호흡과 물질대사

문제분석 ㉠은 포도당, ㉡은 이산화 탄소, ㉢은 아미노산, ㉣은 암모니아, ㉤은 단백질, ㉥은 요소이다. Ⅰ은 포도당이 호흡 기질로 이용된 세포 호흡 과정, Ⅱ는 아미노산이 호흡 기질로 이용된 세포 호흡 과정, Ⅲ은 단백질이 아미노산으로 분해되는 이화 작용, Ⅳ는 암모니아가 요소로 전환되는 과정이다.

정답찾기

ㄱ. 세포 호흡 과정(Ⅰ)에서 이화 작용이 일어난다.

ㄴ. 포도당이 호흡 기질로 이용된 세포 호흡 과정(Ⅰ)과 아미노산이 호흡 기질로 이용된 세포 호흡 과정(Ⅱ)에서 모두 ATP의 합성이 일어난다.

ㄷ. 소화계에서 단백질이 아미노산으로 분해되는 과정(Ⅲ)과 독성이 강한 암모니아가 요소로 전환되는 과정(Ⅳ)이 모두 일어난다.

3 이온의 막 투과도

문제분석 역치 이상의 자극을 주었을 때, 막 투과도가 먼저 증가하는 ㉠은 Na^+이고, 나중에 증가하는 ㉡은 K^+이다. 탈분극이 일어날 때 Na^+ 통로를 통해 Na^+이 세포 밖에서 세포 안으로 이동한다.

정답찾기

ㄴ. t_1은 Na^+(㉠)의 막 투과도가 증가하는 시점으로 탈분극이 일어난다. 따라서 Na^+이 세포 밖에서 세포 안으로 확산에 의해 이동하는 (나)가 일어난다.

오답피하기

ㄱ. 이온 통로를 통해 세포 밖에서 세포 안으로 확산에 의해 이동하는 ⓐ는 Na^+이므로 ⓐ는 ㉠이다.

ㄷ. Na^+의 농도는 항상 세포 밖이 세포 안보다 높고, K^+의 농도는 항상 세포 안이 세포 밖보다 높다. 따라서 t_2일 때 이온의 $\dfrac{\text{세포 안의 농도}}{\text{세포 밖의 농도}}$는 ㉡($K^+$)이 ㉠($Na^+$)보다 크다.

4 중추 신경계

문제분석 대뇌, 연수, 중간뇌 중에서 뇌줄기를 구성하는 것은 연수와 중간뇌이고, 수의 운동의 중추는 대뇌이며, 심장 박동을 조절하는 중추는 연수이다. 따라서 특징 ㉠~㉢ 중 2개의 특징을 갖는 연수는 A이고, 연수가 갖지 않는 특징 ㉡은 '수의 운동의 중추이다.'이다. 따라서 특징 ㉡을 갖는 C는 대뇌이고, 나머지 B는 중간뇌이다. 중간뇌(B)가 가지는 특징 ㉢은 '뇌줄기를 구성한다.'이므로 특징 ㉠은 '심장 박동을 조절한다.'이다.
이를 바탕으로 표를 정리하면 다음과 같다.

특징 \ 구조	A (연수)	B (중간뇌)	C (대뇌)
㉠(심장 박동을 조절한다.)	○	×	×
㉡(수의 운동의 중추이다.)	ⓐ(×)	×	○
㉢(뇌줄기를 구성한다.)	○	?(○)	ⓑ(×)

(○: 있음, ×: 없음)

정답찾기

ㄱ. '수의 운동의 중추이다.(㉡)'는 대뇌(C)만 갖는 특징으로 연수(A)는 갖지 않으므로 ⓐ는 '×'이고, '뇌줄기를 구성한다.(㉢)'는 대뇌(C)는 갖지 않는 특징이므로 ⓑ도 '×'이다.

오답피하기

ㄴ. 중간뇌(B)는 동공 반사의 중추이고, 기침 반사의 중추는 연수(A)이다.

ㄷ. ㉡은 대뇌(C)만 갖는 특징인 '수의 운동의 중추이다.'이다.

5 특이적 방어 작용

문제분석 ㉠은 보조 T 림프구, ㉡은 대식세포, ㉢은 세포독성 T 림프구, ㉣은 형질 세포이다.

정답찾기

ㄱ. 그림에서 항원 X와 Y가 침입했을 때 잠복기 없이 X에 대한 항체의 농도가 급격히 증가한 것을 통해 X에 대한 2차 면역 반응이 일어났음을 알 수 있다. 따라서 이 사람은 X가 침입하기 전 X에 노출된 적이 있어서 X에 대한 기억 세포를 가지고 있다.

ㄷ. Y의 침입으로 1차 면역 반응이 일어나 Y에 대한 기억 세포가 생성된다. t_1일 때 이 정상인의 체내에 Y가 재침입하면 Y에 대한 기억 세포가 빠르게 증식하고 형질 세포로 분화하므로 Y에 대한 ㉣(형질 세포)의 수가 증가한다.

오답피하기

ㄴ. 대식세포는 식세포 작용(식균 작용)을 하므로 비특이적 방어 작용에 관여한다. 따라서 ㉡은 대식세포이다. ㉡(대식세포)은 항원 Y를 삼킨 후 분해하여 항원 조각을 제시하고, 보조 T 림프구가 이를 인식하여 ㉢(세포독성 T 림프구)을 활성화시킨다. 따라서 ㉡

(대식세포)이 ㉢(세포독성 T 림프구)이 활성화될 수 있도록 Y에 대한 정보를 ㉢(세포독성 T 림프구)에 직접 전달하는 것은 아니다.

6 에너지 흐름과 에너지 효율

정답찾기

ㄱ. A는 사체, 배설물의 유기물을 분해하여 열에너지를 무기 환경으로 방출하는 분해자이다. B는 2차 소비자, C는 1차 소비자이다.

오답피하기

ㄴ. 안정된 생태계이므로 ㉠은 생물 군집에서 호흡을 통해 열로 빠져 나가는 에너지의 총량(450＋70＋12＋268)과 같으므로 ㉠＝800이다. 2차 소비자(B)의 에너지 효율은 20 %이므로 생산자에서 C로 이동하는 에너지양은 ㉢의 5배이고, 특정 영양 단계로 유입되는 에너지양과 그 영양 단계에서 유출되는 에너지양은 같으므로 C를 기준으로 5㉢＝㉢＋50＋70이다. 따라서 ㉢＝30이다. 생산자를 기준으로 ㉠＝㉡＋5㉢＋450이고, ㉠＝800, ㉢＝30이므로 ㉡＝800－450－150에서 ㉡＝200이다. 따라서 ㉡－㉢＝200－30＝170이다.

ㄷ. B(2차 소비자)의 에너지 효율은 20 %이고, C(1차 소비자)의 에너지 효율은 $\dfrac{150}{800}\times100$ %＝약 16.7 %이다.

7 세포 주기

문제분석 체세포의 세포 주기는 간기(G_1기 → S기 → G_2기)와 분열기(M기)로 이루어진다. S기에 DNA 복제가 일어나므로 세포당 DNA 상대량이 1인 세포는 G_1기의 세포이고, 세포당 DNA 상대량이 1과 2 사이인 세포는 S기의 세포이며, 세포당 DNA 상대량이 2인 세포는 G_2기와 분열기의 세포이다.

정답찾기

ㄱ. 집단 B에서 G_1기의 세포만 관찰되므로, ㉠은 G_1기에서 S기로의 진행을 억제하는 물질이다. 따라서 ⓐ는 G_1기, ⓑ는 S기이다.

오답피하기

ㄴ. 핵막은 분열기 전기에 사라졌다가 말기에 다시 생성된다. 따라서 A에서 핵막이 사라진 세포 수는 구간 Ⅱ(G_2기 세포＋분열기 세포)에서가 구간 Ⅰ(G_1기 세포)에서보다 많다.

ㄷ. C에서는 중심체로부터 방추사가 형성되는 것이 억제되어 체세포 분열이 중단된 상태의 세포가 관찰된다. 체세포 분열 과정에서는 2가 염색체가 관찰되지 않는다.

8 염색체 비분리

문제분석 ㉠의 유전자형이 A^*A^*인 여자 Ⅰ에서 ㉠이 발현되지 않았으므로 A는 ㉠ 발현 대립유전자이고, A^*는 정상 대립유전자이다. A^*를 1개 가진 Ⅱ에서 ㉠이 발현되었으므로 Ⅱ는 ㉠의 유전자형이 AA^*이고, A가 A^*에 대해 완전 우성이다. A^*를 1개 가진 Ⅲ에서는 ㉠이 발현되지 않았으므로 ㉠의 유전자는 X 염색체에 있으며, Ⅲ은 ㉠의 유전자형이 $X^{A^*}Y$인 남자(아버지)이다. A^*만 가진 Ⅰ과 Ⅲ 사이에 A를 가진 Ⅱ가 태어나지 못하므로 Ⅰ은 자녀 1(여자), Ⅱ는 어머니, Ⅲ은 아버지이다. 정상 대립유전자 A^*를 1개 가진 자녀 2(남자)에서 ㉠이 발현되었으므로 자녀 2의 ㉠의 유전자형은 $X^A X^{A^*} Y$이고, ⓧ는 감수 1분열에서 X 염색체의 비분리로 형성된 X^A와 X^{A^*}를 모두 가지는 난자이거나, 감수 1분열에서 X 염색체와 Y 염색체의 비분리로 형성된 X^A와 Y 염색체를 모두 가지는 정자이다. 자녀 3(남자)에서 ㉠이 발현되지 않았으므로 자녀 3의 ㉠의 유전자형은 $X^{A^*} Y$이고, ⓒ는 1이다.

㉡의 유전자는 상염색체에 있으며, ㉡의 유전자형이 $B^* B^*$인 아버지(Ⅲ)에서 ㉡이 발현되지 않았으므로 B는 ㉡ 발현 대립유전자, B^*는 정상 대립유전자이다. ㉡의 유전자형이 BB^*인 어머니(Ⅱ)에서 ㉡이 발현되었으므로 B가 B^*에 대해 완전 우성이다. ㉡이 발현되지 않은 자녀 2의 ㉡의 유전자형이 $B^* B^*$이므로 ㉡이 발현된 자녀 1(Ⅰ)의 유전자형은 BB^*이다. 따라서 ⓐ는 1이고, ⓑ는 0이다.

ㄱ. ⓐ+ⓑ+ⓒ=1+0+1=2이다.

ㄷ. 자녀 3의 동생이 태어날 때, 이 아이가 ㉠과 ㉡이 모두 발현된 남자 아이일 확률은 (㉠이 발현된 남자 아이일 확률)×(㉡이 발현될 확률)=$\frac{1}{4} \times \frac{1}{2} = \frac{1}{8}$이다.

ㄴ. ⓧ는 감수 1분열에서 X 염색체의 비분리로 형성된 X^A와 X^{A^*}를 모두 가지는 난자이거나, 감수 1분열에서 X 염색체와 Y 염색체의 비분리로 형성된 X^A와 Y 염색체를 모두 가지는 정자이다.

9 천이

 2차 천이는 기존의 식물 군집이 있었던 곳에 군집이 파괴된 후, 남아 있던 토양에서 시작하는 천이이다.

ㄴ. 식물의 총생산량은 생산자가 일정 기간 동안 광합성을 통해 합성한 유기물의 총량이다. 따라서 식물의 총생산량은 숲이 제거되고 식물의 생장이 억제된 구간 Ⅱ에서가 2차 천이가 진행되어 식물의 생물량이 증가하고 있는 구간 Ⅲ에서보다 낮다.

ㄱ. 천이의 마지막 단계(극상)에서 식물 군집은 음수가 우점하는 음수림이다. 따라서 Ⅰ의 우점종은 초본(풀)이 아니다.

ㄷ. 숲이 제거되더라도 기존의 토양이 남아 있으므로 구간 Ⅲ에서 진행되는 천이는 2차 천이에 해당한다.

10 복대립 유전

③ 유전자형이 $AA^* DE$인 아버지와 $AA^* EF$인 어머니 사이에서 ⓐ가 태어날 때, ⓐ에게서 나타날 수 있는 표현형은 최대 6가지이므로 ⓐ에게서 나타날 수 있는 (가)의 표현형은 2가지, (나)의 표현형은 3가지이어야 한다. ⓐ의 (나)의 유전자형은 DE, DF, EE, EF 중 하나이므로 (나)의 대립유전자 사이의 우열 관계는 $D > F > E$와 $F > D > E$ 중 하나이다. 유전자형이 $AA^* DF$인 아버지와 $A^* A^* EF$인 어머니 사이에서 아이가 태어날 때, 이 아이의 표현형이 어머니와 같을 확률은 $\frac{3}{8}$이므로 A가 A^*에 대해 완전 우성이고, 이 아이의 (나)의 표현형이 어머니와 같을 확률은 $\frac{3}{4}$이어야 한다. 이 아이의 (나)의 유전자형은 DE, DF, EF, FF 중 하나이므로

(나)의 대립유전자 사이의 우열 관계는 $F > D > E$이다. ⓐ의 (가)의 표현형이 ㉠의 (가)의 표현형과 같을 확률은 $\frac{3}{4}$이고, ⓐ의 (나)의 표현형이 ㉠의 (나)의 표현형과 같을 확률은 $\frac{1}{2}$이다. 따라서 ⓐ의 (가)와 (나)의 표현형이 모두 ㉠과 같을 확률은 $\frac{3}{8}\left(=\frac{3}{4} \times \frac{1}{2}\right)$이다.

13회 미니모의고사

1 ③	2 ⑤	3 ⑤	4 ⑤
5 ⑤	6 ①	7 ①	8 ⑤
9 ④	10 ⑤		

1 조작 변인과 종속변인

정답찾기

③ 조작 변인은 대조군과 달리 실험군에서 의도적으로 변화시키는 변인이고, 통제 변인은 대조군과 실험군에서 모두 동일하게 유지하는 변인이다. 종속변인은 조작 변인의 영향을 받아 변하는 요인이다. A와 B에서 상추 씨의 개수와 온도는 같고, 빛의 파장이 다르므로 상추 씨의 개수와 온도는 통제 변인이고, 빛의 파장은 조작 변인이다. 빛의 파장에 따른 상추 씨의 발아율을 측정하였으므로 상추 씨의 발아율은 종속변인이다.

2 글리코젠의 에너지 이용

정답찾기

ㄱ. (가)는 글리코젠이 포도당으로 분해되는 과정이고, (나)는 포도당이 CO_2와 H_2O로 분해되는 과정이므로 (가)와 (나)에서 모두 이화 작용이 일어난다.

ㄴ. 사람에서 포도당이 세포 호흡을 거쳐 최종 분해 산물로 전환되는 과정에는 효소가 관여한다.

ㄷ. (나)에서 방출된 에너지의 일부는 ATP에 저장되고 나머지는 열에너지로 방출된다.

3 흥분의 전도

문제분석 d_1에 역치 이상의 자극이 주어지고 d_1에서의 막전위는 2 ms일 때 $+30\,mV$, 3 ms일 때 $-80\,mV$, 4 ms와 5 ms일 때는 모두 $-70\,mV$이다. 따라서 ㉠ 지점이 d_1이고, Ⅰ이 3 ms, Ⅲ은 2 ms, Ⅱ와 Ⅳ는 각각 4 ms와 5 ms 중 하나이다. ㉡ 지점에서의 막전위는 Ⅱ일 때 $+30\,mV$이고, Ⅳ일 때 $-50\,mV$이므로 Ⅱ가 5 ms, Ⅳ는 4 ms이다. Ⅱ일 때 막전위는 ㉡ 지점이 $+30\,mV$이고, ㉢ 지점이 $-74\,mV$이므로 ㉡ 지점이 ㉢ 지점보다 자극이 주어진 지점으로부터 멀리 떨어져 있다. 따라서 ㉡ 지점이 d_3이고, ㉢ 지점이 d_2이다.
이 내용을 바탕으로 표를 완성하면 다음과 같다.

지점	막전위(mV)			
	Ⅰ(3 ms)	Ⅱ(5 ms)	Ⅲ(2 ms)	Ⅳ(4 ms)
㉠(d_1)	-80	?(-70)	$+30$	-70
㉡(d_3)	?(-70)	$+30$	-70	-50
㉢(d_2)	0	-74	?(-70~-50 사이의 값)	?(0)

정답찾기

ㄱ. ㉢은 d_2이다.

ㄴ. Ⅳ는 4 ms이다.

ㄷ. 역치 이상의 자극이 주어지고 d_1로부터 6 cm 떨어진 ㉡ 지점(d_3)에서 5 ms가 지난 시점에 막전위는 $+30\,mV$이다. 즉, 흥분이 ㉡

지점(d_3)에 도달하고 2 ms가 지난 시점이므로 흥분이 도달하는 데 3 ms가 걸렸다. 따라서 흥분 전도 속도는 $\dfrac{6\,cm}{3\,ms}=2\,cm/ms$이다.

4 혈당량 조절과 당뇨병

정답찾기

ㄱ. 인슐린의 표적 세포(㉠)에는 간세포가 있다.

ㄴ. A는 정상인과 혈액 속의 인슐린 농도가 유사하나 혈당량이 높으므로 인슐린의 표적 세포가 인슐린에 반응하지 못하는 제2형 당뇨병 환자이다.

ㄷ. 인슐린을 투여하는 것은 인슐린을 정상적으로 생성하지 못하는 제1형 당뇨병 치료에 효과적이다.

5 방어 작용

문제분석 ㉠은 세포독성 T림프구, ㉡은 B 림프구, ㉢은 기억 세포이다.

정답찾기

ㄱ. 감염된 세포를 직접 제거하는 ㉠은 세포독성 T림프구이고, ㉠(세포독성 T림프구)은 특이적 방어 작용에 해당하는 세포성 면역을 일으킨다.

ㄴ. 과정 Ⅰ은 보조 T 림프구에 의해 세포독성 T림프구가 활성화되는 과정이고, 과정 Ⅱ는 보조 T 림프구에 의해 B 림프구가 형질 세포와 기억 세포로 분화하는 과정이다. 과정 Ⅰ과 Ⅱ는 모두 활성화된 보조 T 림프구에 의해 촉진된다.

ㄷ. ㉢(기억 세포)이 항체를 분비하는 형질 세포로 분화하는 과정은 2차 면역 반응에서 일어난다.

6 말초 신경계

문제분석 ㉠에 역치 이상의 자극을 주었을 때 심장 박동 수와 심장에서 방출되는 혈액량이 모두 증가하였으므로 Ⅰ은 교감 신경이다. 심장에 연결된 교감 신경은 신경절 이전 뉴런의 길이가 신경절 이후 뉴런의 길이보다 짧다. 따라서 ⓐ에 신경절이 있다. ㉡에 역치 이상의 자극을 주었을 때 방광 근육이 수축하여 오줌이 몸 밖으로 배출되므로 Ⅱ는 부교감 신경이다. 방광에 연결된 부교감 신경은 신경절 이전 뉴런의 길이가 신경절 이후 뉴런의 길이보다 길다. 따라서 ⓓ에 신경절이 있다.

정답찾기

ㄱ. 교감 신경인 Ⅰ의 신경절 이전 뉴런의 신경 세포체는 척수 속질에 있다.

오답피하기

ㄴ. ⓐ에 신경절이 있으므로 ㉠에 역치 이상의 자극을 주면 Ⅰ의 신경절 이후 뉴런의 세포막에서만 탈분극이 일어난다.

ㄷ. 부교감 신경인 Ⅱ의 신경절 이후 뉴런 말단에서는 아세틸콜린이 분비된다. 따라서 Ⅱ의 신경절 이후 뉴런 말단에 아세틸콜린 분해 효소의 작용을 저해하는 물질을 처리하면 아세틸콜린이 반응 기관인 방광에 지속적으로 작용하여 과도한 흥분이 발생한다. 따라서 신경절 이후 뉴런 말단에 아세틸콜린 분해 효소의 작용을 억제하는 물질을 처리하면 Ⓐ가 억제되지 않는다.

7 생식세포와 핵상

문제분석 (가)와 (라)는 모두 $n=3$인 세포이고, (나)와 (다)의 그림에 제시되지 않은 X 염색체를 고려하면 (나)는 X 염색체를 1개 갖는 $n=3$의 세포이고, (다)는 X 염색체를 2개 갖는 $2n=6$의 세포이다. 따라서 Ⅰ과 Ⅱ는 $2n=6$인 동물 종이다. (나)와 (다)의 그림에 제시된 회색 염색체와 검은색 염색체는 상염색체이고, (가)와 (라)에는 흰색의 Y 염색체가 있다. (다)는 암컷의 세포이고, (가)와 (라)는 수컷의 세포이므로 나머지 (나)는 수컷의 세포이다. 따라서 (다)는 암컷인 Ⅰ의 세포이고, (가), (나), (라)는 수컷인 Ⅱ의 세포이다.

정답찾기

ㄱ. $2n=6$인 Ⅰ에서 체세포 분열 중기의 세포 1개당 염색 분체 수는 12이다.

오답피하기

ㄴ. (다)는 암컷의 세포이고, (가), (나), (라)는 수컷의 세포이다.

ㄷ. (라)가 감수 2분열을 통해 생식세포인 (가)가 되므로 (라)의 ⓒ이 분리되어 (가)의 ㉠이 형성되었다.

8 사람의 유전 형질

문제분석 표는 구성원 ㉠~㉣, 2, 4, 6 각각의 (가)의 유전자형에서 대문자로 표시되는 대립유전자의 수에 따라 가능한 유전자형을 나타낸 것이다.

구성원	가능한 유전자형
㉠	aabbdd
㉡	Aabbdd, aaBbdd, aabbDd
㉢	AABbdd, AAbbDd, AaBBdd, AaBbDd, AabbDD, aaBBdd, aaBbDD
㉣	AABBDd, AABbDD, AaBBDD
2, 4, 6	AAbbdd, aaBBdd, aabbDD, AaBbdd, AabbDd, aaBbDd

1과 2 사이에서 (가)의 유전자형이 AABBdd인 아이가 태어날 수 있으므로 1과 2는 각각 유전자형이 ABd인 생식세포를 형성할 수 있고, 2의 (가)의 유전자형은 AaBbdd이다. 따라서 1이 ㉣일 경우 (가)의 유전자형은 AABBDd이고, 1이 ㉢일 경우 (가)의 유전자형은 AABbdd, AaBBdd, AaBbDd 중 하나이다. 1이 ㉡일 경우 6의 (가)의 유전자형은 2와 같은 AaBbdd만 가능하므로 1~7의 (가)의 유전자형이 모두 다르다는 조건에 모순된다. 따라서 1은 ㉢이다. 3이 ㉣일 경우 7의 (가)의 유전자형에서 대문자로 표시되는 대립유전자의 수는 0이나 1이 될 수 없다. 3과 4로부터 물려받을 수 있는 A, B, D의 수를 모두 더한 값이 5가 될 수 없으므로 7은 ㉣이 아니다. 따라서 3과 7은 ㉠과 ㉡ 중 서로 다른 하나이고, 5는 ㉣이다. 5의 (가)의 유전자형에서 대문자로 표시되는 대립유전자의 수가 5이기 위해서는 1로부터 A, B, D를, 2로부터 A, B, d를 물려받아야 하므로 (가)의 유전자형은 1이 AaBbDd, 5는 AABBDd이다.

4, 6, 7의 (가)의 유전자형에서 B의 수가 모두 다르다. 4의 (가)의 유전자형에서 B의 수가 0인 경우에는 3과 7에 모두 B가 있으므로 표의 ㉠의 (가)의 유전자형에서 대문자로 표시되는 대립유전자의 수가 0인 조건을 만족하지 못한다. 4의 (가)의 유전자형에서 B의 수가 1인 경우에는 7의 (가)의 유전자형에서 B의 수가 0이고, 6의 (가)의 유전자형이 aaBBdd가 되므로 6과 7 사이에서 (가)의 유전자형이 AaBbDd인

아이가 태어날 수 있다는 조건을 만족하지 못한다. 4의 (가)의 유전자형이 aaBBdd인 경우 3의 (가)의 유전자형은 aabbdd이고, 7의 (가)의 유전자형은 aaBbdd이며, 6의 (가)의 유전자형은 AAbbdd 또는 AabbDd이다. 6과 7 사이에서 (가)의 유전자형이 AaBbDd인 아이가 태어날 수 있으므로 6의 (가)의 유전자형은 AabbDd이다.

정답찾기

ㄱ. 4의 (가)의 유전자형은 aaBBdd이다.

ㄴ. ㉠은 구성원 3(aabbdd), ㉡은 구성원 7(aaBbdd), ㉢은 구성원 1(AaBbDd), ㉣은 구성원 5(AABBDd)이다.

ㄷ. 6(AabbDd)과 7(aaBbdd) 사이에서 (가)의 표현형이 1과 같은 아이가 태어날 확률은 (가)의 유전자형에서 대문자로 표시되는 대립유전자의 수가 3일 확률이다. 구하고자 하는 확률은 6으로부터 A, D를 물려받을 확률과 7로부터 B를 물려받을 확률의 곱과 같으므로 $\frac{1}{4} \times \frac{1}{2} = \frac{1}{8}$이다.

9 염색체 비분리

문제분석 Ⅰ은 A, B, b, d를 모두 가지는 ㉢이다. Ⅱ는 중기의 세포이므로 DNA 상대량이 1이 될 수 없다. Ⅱ는 ㉣이다. Ⅲ은 Ⅱ로부터 생성되었으므로 A와 d를 가질 수 없다. Ⅲ은 ㉠이고, Ⅳ는 ㉡이다. Ⅱ(㉣)는 감수 1분열 중기 세포인데, B와 b를 모두 가지므로 감수 1분열 비분리가 일어나 형성된 세포이다. Ⅳ(㉡)는 생식세포인데, A의 DNA 상대량이 2이므로 감수 2분열 비분리가 일어나 형성된 세포이다.

정답찾기

ㄱ. Ⅳ는 ㉡이다.

ㄷ. $\dfrac{\text{Ⅲ에서 B의 DNA 상대량} + \text{Ⅲ에서 D의 DNA 상대량}}{\text{Ⅳ에서 A의 DNA 상대량}} = \dfrac{1+1}{2} = 1$이다.

오답피하기

ㄴ. Ⅳ가 감수 1분열과 감수 2분열이 모두 일어나서 형성된 세포이다.

10 개체군 사이의 상호 작용

문제분석 (가)는 포식과 피식, (나)는 편리공생, (다)는 상리 공생이다.

정답찾기

ㄱ. 같은 지역에 서식하며 상호 작용하는 코뿔소와 진드기는 군집을 이룬다.

ㄴ. 황로는 코뿔소에 의해 먹이를 쉽게 얻을 수 있지만, 코뿔소는 황로로부터 아무런 이익도 손해도 받지 않으므로 (나)는 편리공생이다.

ㄷ. 찌르레기는 코뿔소에 의해 먹이를 쉽게 얻을 수 있고, 코뿔소는 몸에 기생하고 있는 진드기가 찌르레기에 의해 제거되므로 상리 공생인 (다)에서 두 종 모두 이익을 얻는다.

14회 미니모의고사

1 ⑤	2 ③	3 ②	4 ①
5 ④	6 ④	7 ④	8 ③
9 ③	10 ④		

1 물질대사와 항상성

정답찾기

ㄱ. 생물은 물질대사를 통해 생명 활동에 필요한 에너지를 얻는다. 벌새가 꿀을 섭취하여 활동에 필요한 에너지를 얻는 과정(ⓐ)에서 물질대사가 일어난다.

ㄴ. 붕어가 부족한 염분을 아가미를 통해 흡수하고, 묽은 오줌을 배설하여 염분의 손실을 줄이는 것은 항상성에 해당한다.

ㄷ. 벌새(㉠)와 붕어(㉡)는 생물이므로 모두 세포로 구성된다.

2 세포 호흡과 ATP의 사용

정답찾기

ㄱ. ㉠은 O_2, ㉡은 H_2O이다.

ㄷ. ATP(ⓐ)와 ADP(ⓑ)에는 모두 리보스가 있다.

오답피하기

ㄴ. ⓐ는 ATP, ⓑ는 ADP이다. 세포 호흡 결과 방출된 에너지의 일부는 ATP(ⓐ)에 저장되고 나머지는 열에너지로 방출된다.

3 골격근의 수축

정답찾기

ㄴ. t_1일 때 X의 길이에서 A대의 길이를 뺀 값은 $2.6 - 1.6 = 1.0\ \mu m$ 이므로 ㉢의 길이는 $0.5\ \mu m$이다. A대의 길이는 ㉠$+2$㉡$=1.6\ \mu m$, ㉠의 길이와 ㉡의 길이를 더한 값(㉠$+$㉡)은 $1.1\ \mu m$이므로, ㉡의 길이는 $0.5\ \mu m$이고, ㉠의 길이는 $0.6\ \mu m$이다. t_1일 때 ㉡의 길이에서 ㉢의 길이를 뺀 값(㉡$-$㉢)은 $0\ \mu m$인데 t_2일 때는 $0.4\ \mu m$이다. 이를 통해 t_1에서 t_2로 될 때 근수축이 일어나 ㉡의 길이는 $0.2\ \mu m$ 증가하고, ㉢의 길이는 $0.2\ \mu m$ 감소했음을 알 수 있다. H대의 길이(㉠의 길이)는 $0.4\ \mu m$ 감소했으므로, H대의 길이는 t_1일 때가 t_2일 때보다 $0.4\ \mu m$ 길다.

오답피하기

ㄱ. 골격근(ⓐ)을 수축시키는 신경은 체성 신경이며, 체성 신경은 하나의 뉴런으로 이루어져 있어 신경절이 없다.

ㄷ. t_1일 때 ㉢의 길이는 $0.5\ \mu m$이고 t_2일 때 ㉠의 길이는 $0.2\ \mu m$, ㉢의 길이는 $0.3\ \mu m$이다. 따라서

$$\frac{t_1 일\ 때\ ㉢의\ 길이}{t_2 일\ 때\ ㉠의\ 길이와\ ㉢의\ 길이를\ 더한\ 값} = \frac{0.5}{0.2+0.3} = 1 이다.$$

4 흥분의 전도와 전달

문제분석 지점 ⓑ를 자극하면 지점 ⓐ와 ⓑ에 모두 활동 전위가 발생하지만 ⓐ를 자극하면 ⓑ에서는 활동 전위가 발생하지 않는다. 흥분의 이동이 ⓑ에서 ⓐ 방향으로만 일어나므로 점선 상자 부위에 시냅스가

있음을 알 수 있다. A는 구심성 뉴런(감각 뉴런), C는 원심성 뉴런(운동 뉴런)이다. 점선 상자 부위에 시냅스가 있으므로 B는 신경절 이전 뉴런이 신경절 이후 뉴런보다 긴 부교감 신경이다.

정답찾기

ㄱ. A는 축삭 돌기의 끝부분이 아닌 중간 부분에 신경 세포체가 있는 구심성 뉴런(감각 뉴런)이다.

오답피하기

ㄴ. B는 부교감 신경이므로 골격근에 연결되지 않는다.

ㄷ. ㉠은 부교감 신경(B)의 신경절 이후 뉴런의 축삭 돌기 말단이고, ㉡은 원심성 뉴런 중 체성 운동 뉴런의 축삭 돌기 말단이다. 따라서 ㉠과 ㉡에서 모두 아세틸콜린이 분비된다.

5 삼투압 조절

문제분석 호르몬 X는 뇌하수체 후엽에서 분비되는 항이뇨 호르몬(ADH)이다. ADH(X)는 콩팥에서 수분 재흡수를 촉진하는 호르몬으로 혈중 ADH(X) 농도가 높아지면 혈장 삼투압은 낮아지고, 오줌 삼투압은 높아진다. 따라서 ㉠은 혈장, ㉡은 오줌이다.

정답찾기

ㄴ. (나)에서 ADH(X)를 투여하면 콩팥에서 재흡수되는 수분의 양이 증가하여 단위 시간당 오줌 생성량이 감소하고 오줌(㉡) 삼투압이 증가한다. 따라서 오줌(㉡) 삼투압은 t_3일 때가 t_2일 때보다 높다.

ㄷ. ADH(X)는 콩팥에서 수분의 재흡수를 촉진하는 호르몬이다.

오답피하기

ㄱ. (나)에서 t_1일 때가 t_2일 때보다 혈중 ADH(X) 농도가 높으므로 혈장(㉠) 삼투압은 t_1일 때가 t_2일 때보다 높다.

6 응집 반응

문제분석 그림에서 A형인 Ⅰ의 적혈구와 결합한 ㉣은 응집소 α, B형인 Ⅱ의 적혈구와 결합한 ㉢은 응집소 β이다. ㉠이 응집원 A라면 ㉠(응집원 A)을 가진 학생은 A형과 AB형이고, ㉣(응집소 α)을 가진 학생은 B형과 O형이므로 ㉠과 ㉣을 가진 학생 수의 합은 220이 되어 집단의 학생 수가 200이라는 조건을 만족하지 않는다. 따라서 ㉠은 응집원 B이고, ㉡은 응집원 A이다. ㉠과 ㉣을 가진 학생 수의 합이 200이 아니므로 ㉠과 ㉢을 가진 학생 수의 합이 200이고, ㉡과 ㉣을 가진 학생 수의 합은 200이다.

구분	혈액형	학생 수
㉠(응집원 B)을 가진 학생	B형+AB형	95
㉡(응집원 A)을 가진 학생	A형+AB형	ⓐ(75)
㉢(응집소 β)을 가진 학생	A형+O형	?(105)
㉣(응집소 α)을 가진 학생	B형+O형	125
㉢(응집소 β)과 ㉣(응집소 α)을 모두 가진 학생	O형	70

따라서 A형인 학생의 수는 35, B형인 학생의 수는 55, AB형인 학생의 수는 40, O형인 학생의 수는 70이다.

정답찾기

ㄴ. 이 집단에서 O형인 학생의 수는 70, B형인 학생의 수는 55이므로 O형인 학생의 수가 B형인 학생의 수보다 많다.

ㄷ. ㉢(응집소 β)에 응집되는 ABO식 혈액형은 B형과 AB형이므로 ㉢

(응집소 β)에 응집되는 혈액을 가진 학생의 수는 95이다. ㉣(응집소 α)에 응집되지 않는 ABO식 혈액형은 B형과 O형이므로 ㉣(응집소 α)에 응집되지 않는 ABO식 혈액형을 가진 학생의 수는 125이다. 따라서 ㉢(응집소 β)에 응집되는 혈액을 가진 학생의 수가 ㉣(응집소 α)에 응집되지 않는 혈액을 가진 학생의 수보다 적다.

ㄱ. ⓐ는 75이다.

7 감수 분열

  감수 2분열 중기의 세포에서 1개의 염색체는 2개의 염색 분체로 이루어져 있다. 따라서 Ⅱ의 D, E, F의 DNA 상대량을 더한 값은 0이거나 짝수이다. D, E, F의 DNA 상대량을 더한 값이 6, 4, 3이기 위해서는 Ⅰ은 ㉡, Ⅱ는 ㉠, Ⅲ은 ㉢, Ⅳ는 ㉣이다.

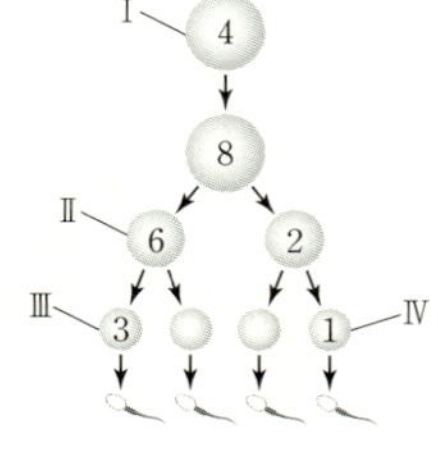

ㄱ. Ⅰ(㉡)의 D, E, F의 DNA 상대량을 더한 값이 4이고, Ⅲ(㉢)의 D, E, F의 DNA 상대량을 더한 값이 3이므로 Ⅳ(㉣)의 D, E, F의 DNA 상대량을 더한 값(ⓐ)은 1이다.

ㄷ. $\dfrac{\text{X 염색체 수}}{\text{상염색체 수}}$의 값은 Ⅰ은 $\dfrac{1}{44}$이고, Ⅲ은 $\dfrac{1}{22}$이다.

ㄴ. Ⅲ(㉢)의 D, E, F의 DNA 상대량을 더한 값이 3이므로 Ⅲ의 (나)의 유전자형은 F이고, Ⅲ에 X 염색체가 있다. 따라서 Ⅳ에는 Y 염색체가 있으므로 F 또는 f를 갖지 않는다. P의 (나)의 유전자형은 $X^{F}Y$이다. P에 f가 없으므로 D, E, f를 모두 갖는 세포는 없다.

8 성염색체 유전

  남자인 7에서 ㉠+㉡=1, ㉢+㉣=1이므로 (가)와 (나)의 유전자는 모두 X 염색체에 있다. 남자인 1에서 ㉠+㉡=2이면 ㉢+㉣=0이고, 1에는 ㉠과 ㉡이 모두 있다. 1에게서 (가)는 발현되고 (나)는 발현되지 않았으므로 ㉠과 ㉡은 각각 (가) 발현 대립유전자와 (나)에 대한 정상 대립유전자 중 하나이고, ㉢과 ㉣은 각각 (가)에 대한 정상 대립유전자와 (나) 발현 대립유전자 중 하나이다. 4는 (가)와 (나)의 표현형이 모두 정상이고, ㉢+㉣=1에서 (가)에 대한 정상 대립유전자가 있으며, ㉠+㉡=3에서 (가) 발현 대립유전자가 있으므로 (가)의 유전자형은 이형 접합성이다. (가)는 열성 형질이며, A는 정상 대립유전자, a는 (가) 발현 대립유전자이다. 6은 (가)와 (나)가 모두 발현되었으며, ㉢+㉣=1에서 (나) 발현 대립유전자가 있고, ㉠+㉡=3에서 (나)에 대한 정상 대립유전자가 있으므로 (나)의 유전자형은 이형 접합성이다. (나)는 우성 형질이며, B는 (나) 발현 대립유전자, b는 정상 대립유전자이다. (가)와 (나)의 유전자형은 1이 $X^{ab}Y$, 5가 $X^{AB}Y$이고, 6은 1로부터 X^{ab}를 물려받고, 2로부터 X^{aB}를 물려받아 $X^{ab}X^{aB}$이며, 2는 $X^{AB}X^{aB}$이다. (가)와 (나)의 유전자형은 3이 $X^{aB}Y$, 7이 $X^{Ab}Y$이고, 4는 7에게 X^{Ab}를 물려주고 ㉠+㉡=3이므로 $X^{Ab}X^{ab}$이다. 구성원 3

과 4 사이에서 태어난 아이(ⓐ)의 (가)와 (나)의 유전자형은 $X^{aB}X^{Ab}$, $X^{aB}X^{ab}$, $X^{Ab}Y$, $X^{aB}Y$ 중 하나이며, ⓐ에는 ㉢이 없고, ⓐ에서 체세포 1개당 ㉡과 ㉣의 DNA 상대량을 더한 값이 3인 경우를 만족하는 경우는 $X^{aB}X^{ab}$이다. 따라서 ㉢은 A, ㉣은 B, ㉡은 a이고, 나머지 ㉠은 b이다. ⓑ에는 ㉠(b)과 ㉣(B)이 모두 있으므로 (가)와 (나)의 유전자형은 $X^{aB}X^{Ab}$이다. 가계도에 각 구성원의 유전자형을 나타내면 다음과 같다.

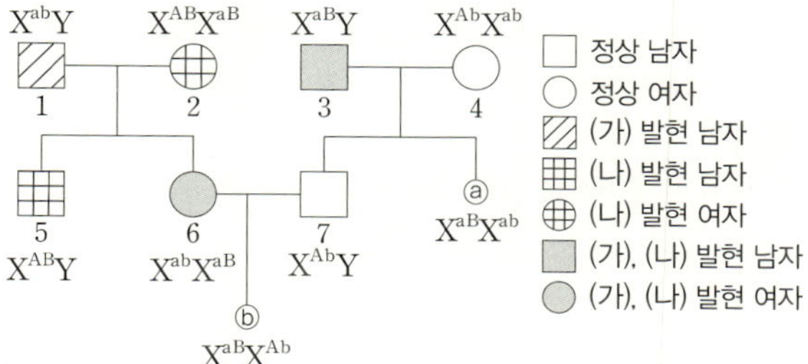

ㄱ. ⓐ의 (가)와 (나)의 유전자형은 $X^{aB}X^{ab}$이고, a와 b가 같은 염색체에 있다. 따라서 ⓐ에서 a와 b를 모두 갖는 생식세포가 형성될 수 있다.

ㄷ. ⓑ의 동생이 태어날 때, 이 아이에게서 (가)와 (나)가 모두 발현되는 경우는 4가지 유전자형($X^{ab}X^{Ab}$, $X^{aB}X^{Ab}$, $X^{Ab}Y$, $X^{aB}Y$) 중에서 $X^{aB}Y$이므로 (가)와 (나)가 모두 발현될 확률은 $\dfrac{1}{4}$이다.

ㄴ. 1, 4, 5 각각의 체세포 1개당 ㉡(a)의 DNA 상대량을 더한 값은 $1+1+0=2$이고, 2, 3, ⓑ 각각의 체세포 1개당 ㉣(B)의 DNA 상대량을 더한 값은 $2+1+1=4$이다.

$\dfrac{\text{1, 4, 5 각각의 체세포 1개당 ㉡의 DNA 상대량을 더한 값}}{\text{2, 3, ⓑ 각각의 체세포 1개당 ㉣의 DNA 상대량을 더한 값}}=\dfrac{1}{2}$이다.

9 염색체 비분리와 결실

ㄱ. 자녀 2에서 (가)가 발현되었고, 어머니에게서 (가)가 발현되지 않았으므로 (가)는 열성 형질이다. (나)가 열성 형질이라면 자녀 1의 유전자형이 $X^{ab}X^{ab}$이고, 자녀 2의 유전자형이 $X^{ab}Y$이므로 어머니의 유전자형은 $X^{ab}X^{aB}$이어야 하는데 어머니에게서 (가)와 (나)가 모두 발현되지 않았으므로 (나)는 우성 형질이다.

ㄷ. 자녀 4는 (가)가 발현되었으므로 어머니로부터 a와 b를 물려받았으며 (나)가 발현되지 않았으므로 아버지로부터 B가 결실된 X 염색체를 물려받았다. 따라서 자녀 4의 체세포 1개당 b의 수는 1이다. 자녀 1의 유전자형은 $X^{aB}X^{ab}$이므로 체세포 1개당 b의 수는 1이다.

ㄴ. 아버지의 유전자형은 $X^{aB}Y$이고, 자녀 2의 유전자형은 $X^{ab}Y$이다. 그러므로 어머니의 유전자형은 $X^{Ab}X^{ab}$이며, 자녀 1의 유전자형은 $X^{aB}X^{ab}$이다. 자녀 3은 (가)가 발현되지 않았으므로 어머니로부터 A와 b를 물려받았으며, (나)가 발현되었으므로 아버지로부터 B를 물려받아야 한다. 자녀 3이 아버지로부터 X 염색체와 Y 염색체를 모두 물려받았으므로 ㉠이 형성될 때 염색체 비분리는 감수 1분열에서 일어났다.

10 군집의 천이

문제분석 산불이 난 후의 천이 과정은 2차 천이이다. A는 초원, B는 양수림, C는 음수림이고, B(양수림)에서 크기가 작은 ㉠은 활엽수(음수), ㉡은 침엽수(양수)이다.

정답찾기

ㄱ. K에서는 산불이 난 후의 천이 과정인 2차 천이 과정이 일어났다.

ㄷ. 천이가 진행될수록 지표면에 도달하는 빛의 세기는 약해지므로 지표면에 도달하는 빛의 세기는 t_1일 때가 t_2일 때보다 강하다.

오답피하기

ㄴ. t_2일 때 K의 우점종은 ㉠(활엽수(음수))이다.